本书由国家社科基金重大项目"人工认知对自然认知挑战的哲学研究"（21&ZD061）

山西省"1331 工程"重点学科建设计划

山西大学"双一流"学科建设规划

资助出版

认知哲学文库

丛书主编 / 魏屹东

心理空间的
认知哲学研究

A STUDY OF MENTAL SPACE
FROM PHILOSOPHY OF COGNITION

张绣蕊　著

社会科学文献出版社
SOCIAL SCIENCES ACADEMIC PRESS (CHINA)

文库总序

认知（Cognition）是我们人类及灵长类动物的模仿学习和理解能力。认知的发生机制，特别是意识的生成过程，迄今仍然是个谜，尽管认知科学和神经科学取得了大量成果。人工认知系统，特别是人工智能和认知机器人以及新近的脑机接口，还主要是模拟大脑的认知功能，本身并不能像生物系统那样产生自我意识。这可能是生物系统与物理系统之间的天然差异造成的。而人之为人主要是文化的作用，动物没有文化特性，尤其是符号特性。

然而，非生物的人工智能和机器人是否也有认知能力，学界是有争议的。争议的焦点主要体现在理解能力方面。目前较普遍的看法是，机器人有学习能力，如机器学习，但没有理解能力，因为它没有意识，包括生命。如果将人工智能算作一种另类认知方式，那么智能机器人如对话机器人，就是有认知能力的，即使是表面看起来的，比如 2022 年 12 月初开放人工智能公司（Open AI）公布的对话系统 Chat GPT，两个 AI 系统之间的对话就像两个人之间的对话。这种现象引发的问题，不仅是科学和工程学要探究的，也是哲学要深入思考的。

认知哲学是近十多年来新兴起的一个哲学研究领域，其研究对象是各种认知现象，包括生物脑和人工脑产生的各种智能行为，诸如感知、意识、心智、自我、观念、思想、机器意识，人工认知包括人工生命、人工感知、人工意识、人工心智等。这些内容涉及自然认知和人工认知以及二者的混合或融合，既极其重要又十分艰难，是认知科学、人工智能、神经科学以及认知哲学面临的重大研究课题。

"认知哲学文库"紧紧围绕自然认知和人工认知及其哲学问题展开讨

论，内容涉及认知的现象学、符号学、语义学、存在论、涌现论和逻辑学分析，认知的心智表征、心理空间和潜意识研究，以及人工认知系统的生命、感知、意识、心智、智能的哲学和伦理问题的探讨，旨在建构认知哲学的中国话语体系、学术体系和学科体系。

"认知哲学文库"是继"认知哲学译丛""认知哲学丛书"之后的又一套学术丛书。该文库是我承担的国家社科基金重大项目"人工认知对自然认知挑战的哲学研究"（21&ZD061）系列成果之一。鉴于该项目的多学科交叉性和研究的广泛性，它同时获得了山西省"1331 工程"重点学科建设计划和山西大学"双一流"学科建设规划的资助。

魏屹东

2022 年 12 月 12 日

摘　要

　　心理空间概念最早来自日常生活用语，如心胸宽广等，与个体自我认识和心理健康密切关联，但少有研究者将其作为议题进行探讨。近代哲学研究将其孕育，其中想象空间和先验空间等理论提供形而上的本体论渊源，感知空间、社会空间和精神空间有其浓厚的认识论根基，现象空间也给予其具身意义的启示。本书结合近现代相关研究尝试探讨以下四方面内容。

　　其一，心理空间概念及存在性论证。与精神空间、意识空间和虚拟空间等概念不同，心理空间是第一人称主体性体验，不仅集身体、社会、语言和生态等特性于一体，包含认知、情感和意志等内容，更是人与人、人与事、历时和共时、因与果等共存的动态关系网络体系，在自我协调下具有语境同一性。

　　其二，心理空间的结构探讨。具身空间是产生心理空间根源，个体具身体验到宽与窄等牵动机体紧张或放松，进而唤醒相应的认知和情绪。多重自我是心理空间的核心，自我因具有形而上、社会、生理和语言语境，经常以主体或客体角色参与多重动态语境对话。经过几何学、心理发展视角、心理内容视角论证，心理空间具有拓扑结构，借助拓扑空间位移、区域和方向，自主有序建构各种关系。

　　其三，心理空间的认知语境模型建构。认知语境是连接心理空间的内在脉络，本书依据相关研究将心理空间分为感知空间、情境空间和语义空间三重认知语境维度，结合工作自我共同组成认知语境模型。该模型在认知加工过程中，工作自我是启动者与协调者，与自我定义记忆共同协调和管理三重维度之间关系，使三者既独立运行又相互协调、相互融合。认知语境模型是心理表征更是建构生成，是心理内容更是一种功能结构，既有方向性又有边界，在现实生活中既呈现扩展现状又有被压缩的趋势。

其四，心理空间的应用及展望。心理空间可以在临床心理干预方面体现其最大价值，它与心理疾病产生的渊源相吻合，可以作为评估心理问题和心理障碍的依据。心理治疗师也可以据此制定具体的心理治疗方案，帮助患者重新建构积极的心理空间。它可以作为始源域和目标域的中介，使空间隐喻理论能更好诠释概念何以产生意义，还可以补充知觉符号理论不足，引导知觉符号从静态转向空间拓扑动态结构。

关键词：心理空间；自我；具身；拓扑；认知语境

‖目 录‖

导　论 ……………………………………………………………………… 001

第一章　心理空间的历史发展脉络 …………………………………… 014
第一节　空间实在论作为传统空间哲学研究的开端 ……………… 014
第二节　心理空间的本体论渊源：从主观想象空间
　　　　走向外在空间观 ………………………………………… 016
第三节　心理空间的认识论渊源：从外部社会空间
　　　　走向个体内在空间 ……………………………………… 021
第四节　心理空间的现象学渊源：现象身体和现象空间 ………… 029
第五节　心理空间历史发展脉络中的问题域 ……………………… 037

第二章　心理空间的存在性论证 ………………………………………… 044
第一节　心理空间的概念解析 ……………………………………… 044
第二节　心理空间的神经生理证据 ………………………………… 055
第三节　心理空间的起源：具身空间 ……………………………… 059
第四节　心理空间的核心：多重自我 ……………………………… 064
第五节　心理空间的结构：拓扑结构 ……………………………… 081

第三章　心理空间的认知语境模型建构 ………………………………… 097
第一节　三重认知语境维度成立的论证 …………………………… 097
第二节　认知语境模型的工作机制 ………………………………… 105

第三节　心理空间认知语境模型的特征思考 ……………… 115

第四章　心理空间理念的应用与展望 ……………………… 125
　　第一节　心理空间在临床心理学中的应用及展望 ………… 125
　　第二节　心理空间在空间隐喻中的作用 …………………… 134
　　第三节　心理空间对知觉符号理论的修正及展望 ………… 142

结　语 ………………………………………………………… 148

参考文献 ……………………………………………………… 151

‖ Contents ‖

Introduction ·· 001

Chapter 1　The Historical Development of Mental Space ·············· 014

　　Section 1　Space Realism is the Start of Traditional Space Philosophical

　　　　　　　Exploration ·· 014

　　Section 2　Ontological Origin of Mental Space: From the Subjective

　　　　　　　Imagination of Space to the External Space ················· 016

　　Section 3　Epistemology Origin of Mental Space: From the External

　　　　　　　Social Space to the Individual's Internal Space ·········· 021

　　Section 4　Phenomenological Origin of Mental Space: Phenomenal Body

　　　　　　　and Phenomenal Space ··· 029

　　Section 5　Problem Domain during the Historical Development of

　　　　　　　Mental Space ··· 037

Chapter 2　Demonstration the Existence of Mental Space ·············· 044

　　Section 1　Conceptual Analysis of Mental Space ························· 044

　　Section 2　Neurophysiology Evidence of Mental Space ·············· 055

　　Section 3　Origin of Mental Space: Embodied Space ················· 059

　　Section 4　Core of Mental Space: Multiple Selves ···················· 064

　　Section 5　Structure of Mental Space: Topological Structure ········· 081

Chapter 3 Cognitive Context Model Construction of

Mental Space ··· 097

Section 1 Demonstration of the Establishment of Triple Cognitive

Contextual Dimensions ······························· 097

Section 2 Working Process of Cognitive Context Model ············· 105

Section 3 Thinking on Cognitive Context Model of Mental Space ··· 115

Chapter 4 The Application and Prospect of the Concept of

Mental Space ··· 125

Section 1 Application and Prospect of Mental Space in Clinical

Psychology ··· 125

Section 2 The Role of Mental Space in Orientational Metaphors ······ 134

Section 3 Modification and Expectation of Mental Space on Perceptual

Symbol Theory ······································· 142

Conclusion ··· 148

References ·· 151

导　论

一　研究缘起和意义

（一）研究缘起

龟兔赛跑的寓言故事家喻户晓，兔子麻痹自大，乌龟坚持不懈，大家普遍宁愿做乌龟也不做兔子。但是，反思现代社会很多人的生活现状，被经济利益牵制后不断追求速度和效率，又何尝不是在扮演追求时间和速度的兔子的角色？经不住诱惑一味向外界索取资源，来不及驻足又要匆匆赶路，来不及思索又要仓皇行动，来不及适应又要进入下一个发展阶段。正因如此，有人开始感慨"走得太快，灵魂跟不上了"。我们需要借助空间这一缓冲域，在此放慢脚步，喘口气，让灵魂与行为同步，适应时代节奏。

但是"空间"并非意味着慢和放松，而是意味着紧迫和焦虑。现实生活中"空间压缩"随处可见，人流和物流在狭窄的通道穿行，密密麻麻的高楼不断向空中延伸……这一系列空间压缩导致环境压力增大，人们的生存受到影响。随着时代的发展，计算机和网络创造的虚拟空间甚至可以无限延伸人类的思维空间，扩大人类认知，提高工作效率，人们的生存思路转向开发抽象空间和内在精神空间等无形资本领域，以实现低成本高产出。再回头看看人们的内心世界，有时候因人我关系之复杂，社会问题之繁变，时刻处于备战状态，并且大量信息混乱堆积，凌乱不堪，却无暇顾及，或无法顾及。这给个体造成极大压力，紧张和焦虑成为生活常态反应。

无论是从事心理健康教育理论研究还是实践工作，面对心理障碍患者，心理干预工作者经常需要探寻他们内心世界发生何种变化，治疗师又该如何进入其内心世界，进行有针对性的帮助。因此，在临床心理学中研究者开始关注内在空间，笔者也是带着这份疑惑和好奇着手探索的。当把日常谈论较多"心灵空间"作为关键词检索资料时，发现对这一词很多资料只是泛泛而谈。当查阅"心理空间"相关资料时，发现福克尼尔（G. Fauconnier）语言学相关文献，以及哲学领域的想象空间、现象空间、社会空间和精神空间系列相关理论。笔者之所以确定核心概念为"心理空间"有一个意图是突出空间的主体性，每个人都有自己独特的内在空间，百人百性说的就是这个道理，突出自我特性，才能更加接近生活现实，以第一人称视角诠释内在世界，而自我是心理学重要概念，尤其是临床心理干预的核心，所以本书尝试围绕"心理空间"，将哲学和心理学结合起来论证其存在的可能性和意义，其中尤其强调心理空间的关系性特点——无论是我与我、我与人际，还是我与自然，尝试厘清这些关系，在这些纷繁复杂的关系网络中建构一定秩序，服务于心理健康教育。

（二）研究目的

当确定核心概念为"心理空间"后发现，福克尼尔所言的"心理空间"其实是"概念空间"，因为他将多种概念在语言使用过程中进行分层，并进一步分析各层概念之间的关系，这与笔者用意不同。心理空间研究第一个目的是定义心理空间内涵，论证其存在性并诠释其结构特点。心理空间从心理内容角度与精神空间、社会空间和概念空间相似，从功能结构来说又与想象空间、现象空间和心理场相近，这里意欲突出关系性，突出以自我为中心的心理现实性，突出其服务于内外互动的功能性特征。心理空间研究第二个目的是增强心理空间秩序性。借助认知语境理论将其进一步细分为不同语境维度，尝试厘清当个体进行认知加工时，各维度的心理运行机制是如何围绕不同语境相互协调、相互融合和有序加工并与外界实现和谐互动的。心理空间研究第三个目的是探讨其在实践领域，尤其是在临床心理学的应用价值。本书意图探寻心理空间本质，倡导人们接纳多元化心理现状，为认识自我提供理论基础。在临床心理干预中，将心理空间作为咨询师和患者共同关注的对象，建构临时第三者心理空间，更好地服务于心理治疗领域。

（三）学术价值

1. 提出心理空间的语境模型理念

前人大量的研究集中关注物理空间，而目前从空间认知化转向认知空间化的研究已初现端倪，少数研究者尝试提出认知和心理的空间化思想。语言学家福克尼尔立足于语言学，详述心理空间中概念与概念的空间关系；拓扑心理学家勒温立足于心理学，通过心理生活空间诠释人类心理活动的动态变化。这些研究缺乏对认知、语境和心理之间动态关系的阐述，缺乏系统理论的支撑，而且第三人称视角的研究范式无形中构筑了一道屏障，与常识心理空间现状脱节。笔者尝试立足于认知哲学、心理学和语言学学科交叉的视角，结合认知语境论、现象学和建构主义思想，从动态拓扑心理视角构建心理空间的认知语境模型理论体系，分析认知的多样性和变化性的原因，解释常识心理学理念中心理空间随着语境的变化而变化的现状，从而补充认知哲学领域中心理空间研究的不足。

2. 对认知哲学领域中 4E+S 理论的整合

目前认知科学领域中的延展认知、嵌入认知、生成认知、具身认知和情境认知（4E+S）理论已将认知研究延伸至身体、心理、行为和环境研究之中。五种相关理论有各自的拥趸者、感兴趣的问题和研究方法，当前既各自独立也彼此交混，这种状态反映了当代认知科学研究重心的变迁。这五种理论像五朵鲜花顿时开放，认知领域界异常芬芳。如何整合？对研究者而言无疑是挑战。正是在此基础上，笔者尝试提出一种心理空间的认知语境模型，整合目前认知哲学领域 4E+S 研究。在后现代的语境中，人们的真实生活多元化并存，兼容性和容错性极强，这是一种整合的功能性认知模式，认知研究的方法也是再现"事物的整体"思维过程。建立在本体论和认识论基础之上的心理空间研究，正是顺应这一语境要求，提出一个整合性思路。

3. 尝试整合"物理域"、"生理域"与"心理域"三域关系

无论哲学还是心理学都在尝试解决物理域、心理域和生理域之间的关系问题，部分研究者借助心理表征解释表征对象是什么、如何表征，在解答这系列疑惑的过程中，研究者发现由具体和抽象等组成的多元化信息是无法一一穷尽的，尽管已借助丰富的语言符号，还是无法言明，总有无法

逾越的鸿沟。三者关系已经不是第一代认知科学理论下客观主义所认为的一对一镜像映射，而是相互交叉、相互作用和相互协作。第二代认知科学理论提出具身认知概念，认为身体是衔接三者关系的纽带，躯体和大脑将物理域和生理域连接，具身宽或窄的空间体验又将生理域和心理域融合，因此，可以弥合表征理论的裂隙，但是融合在什么情况下发生？主体何在？这些疑惑还是未得到解答。本研究所述心理空间，不仅同时具有物理、生理和心理三种成分，而且其在运行中随时组织和协调三者关系，加之认知语境也贯穿在三者之间，在自我的作用下随时呈现语境叠加和语境同一。这些元素携带物理、心理和生理三种成分，以拓扑动态结构形式不断建构、解构再建构，推动着心理空间从一个情境向另一个情境发展，新的心理空间不断生成。

（四）应用价值

1. 人们的生活、思维与空间息息相关

当今世界，从政治经济环境到日常生活，从区域到全球，从实用技术到话语表达，从客观环境到主观世界，从外界感官感知到内心体验，从身体到思维，从思维的意识到思维的无意识等所面对的诸多难题及危机，都与空间这一因素密切相关。空间危机会以地震海啸灾难、边境武装冲突、道路拥堵以及外空间竞争日趋激烈等形式表现出来，这些危机不应该理解为只是局部危机，而是人类面临的共同问题，正是在这种意义上，空间哲学或者空间理论试图探讨应对现实危机的策略。

人们在日常生活中经常用空间作为隐喻，表达自己的思想，表达自己的心理活动，表达自己内心世界各种状况，这时空间不仅体现一种属性、一种关系，而且代表一种感觉、一种思维和一种精神境界，这是一种新空间论的呼声。也正是在这种意义上，从一个新视角来审视和反思空间隐喻研究，对于认知哲学发展而言，无疑具有重要的意义。

2. 为临床心理干预提供理论基础

人们的生活被意识垄断，看书是在思维，对话是在思维，讨论是在思维。人们惯于用有限经验去推断客观事实，惯于用自身经验推测他人的心理现状，忽视个体化特点，忽视具身认知的价值，常常导致以偏概全的错误观念和冲突，陷于多种思维困境之中。笔者作为一名心理咨询与治疗教师，与有心理问题的来访者交谈时，经常感觉到对方内在思维之偏执、心理内容之贫乏、心理边界之混乱，这些状况经常让来访者难以自我调适。在临床心理学领域中目前有一些认知治疗的技术，但是这些技术由于受学科领域的影响，只局限于心理层面的干预，对世界观、人生观和价值观等问题避而不谈，如果交流这些内容，将被称为越心理学之界，可是恰恰许多心理困惑的根源正在于此。因此，探索一种行之有效的方法，不仅可以发现思维盲区，调整思维模式，还可以有助于观念澄清、价值定位、人生观调整，成为一件急迫的事情，成为心理治疗工作者一个重要的任务。本书正是在此基础上尝试提供一种与认知哲学理论相结合的治疗方案，从心理健康的理念出发让心理障碍患者能更好地理解身体的感受和体验，借助心理空间全面认识自己，清晰认识内心世界复杂关系特点，进一步接纳自己的心理现状，增强自我心理调整能力。

二　研究现状

（一）国外研究动态

1. 福克尼尔的心理空间

语言学家福克尼尔于 1985 年最早提出"心理空间"这一专业术语，[①] 目的是更加清晰地分析人们在执行思维和交流任务时大脑是如何对语言进行加工的。因此，他将心理空间概念界定为存储在大脑中的各种语言或非语言的概念集合（概念群）或信息聚焦点。但是这些概念群并非凌乱堆积，而是依据一定的规则和模式存储，如类比、类聚和递归等，他依据心理空间中这些概念的功能不同，将其分为输入类、合成类和类属类等空间，输入类空间是最基本的空间，又可以进一步细分为时间、空间、域、假设等空间类型，也可以分为时态、语态等，这些最基本的输入类空间存在最基本的语言映射关系，如时空关系、因果关系等，它们也是心理空间的核心关系。如果这些核心关系有共同的抽象概念就会形成类属空间，类属空间的共性结构组成合成空间，当然，合成空间也包括整合和拓宽后形

---

① 王文斌、毛智慧主编《心理空间理论和概念合成理论研究》，上海外语教育出版社，2011，第 55 页。

成新的结构。所以概念从基本空间转为类属空间，最后合成一个统一的概念结构空间的过程也是概念不断完善和不断整合的过程。人们在运用语言时，这三个过程可以随时调整，相互补充。福克尼尔结合现实人际沟通中心理空间的多维性或复杂性，总结出语言认知处理过程所遵循的六项原则：将各成分整合为一个意义单位的整体优化原则（integration principle）；各成分之间有拓扑性质，所以有保持拓扑不变化的拓扑结构原则（topology principle）；各关系空间存在相互映射关系的网络联系原则（web principle）；使用者可以通过心理空间中特定知识的概念结构进行意义推断的意义解构原则（unpacking principle）；所有空间必须遵守一定目的和功能的充足理由原则（good reason principle）；可以借助转喻等方法结合心理空间一起产生意义的转喻压缩原则（metonymic tightening principle）。国内语言学家运用心理空间研究解释各种语言现象，如可能世界的语义、会话中的歧义、翻译现象、语用预设、反讽意义等。刘宇红运用心理空间理论解释了语用解歧和可能世界[1]，张辉等把心理空间与概念整合联系起来，进一步研究认知语言学的发展与应用[2]。心理空间理论为语言学概念的理解奠定了基础，为语词、语篇和语境研究创造了条件。

2. 心理模型相关研究

传统理论认为人们与外界互动获得的知识或信息是大脑存储和加工的结果，但是大脑是黑洞，如何存储加工？哲学家或心理学家的回答迥异，克瑞克（K. Craik）提出心理模型理论，[3] 假设大脑是一个不断建构模型的系统，可以将各种经验、语言对话和非语言思维等信息建构成知识（small scale models），即心理模型或称心理表征（representation），当心理模型建构后，可以作为经验模型，进而对视觉经验等信息进行加工和预测，所以它是言语和非言语加工的心理基础。詹姆斯-兰格（Johnson-Laird）也提到心理模型理论，[4] 认为该模型与外界相似，因此对外界事物或各种关系进

---

[1] 刘宇红：《心理空间与语用解歧策略》，《当代语言学》2003 年第 2 期。

[2] 张辉、杨渡：《心理空间与概念整合：理论发展及其应用》，《解放军外国语学院学报》2008 年第 1 期。

[3] K. Graik, *The Nature of Explanation*（Cambridge：Cambridge University Press，1943）.

[4] 胡竹箐：《Johnson-Laird 的"心理模型"理论述评》，《心理学探新》2009 年第 4 期。

行推理时，心理模型扮演核心角色。霍兰德（J. Holland）认为心理模型是历时和共时规则的集合，[①] 也是层级和范畴集合。由上述研究可以看出，借助心理模型可以对复杂现象进行简单化解释，从而可以认识外界世界。但是一对一映射的心理模型理论能否全面解释或认识外界世界，而且经验或信息的复杂程度不同，大脑又是如何处理这些复杂信息的呢？相关研究者只能用低层次的心理模型解释较高层次的心理模型。那么较高层次心理模型是怎样建构的？心理模型理论无法清晰解答。

国内学者徐盛桓借助含意推理因果化模型，[②] 尝试为语言理解过程所涉及的复杂的语用推理提供解释框架。心理模型语用推理机制与他多年来探索的"常规关系"相似，他认为首先任何事物都具有内在结构形式和功能，也有其发生和发展过程特点，再就是与事物相互作用时，会与周围事物共同建立条件、空间、时间、因果等规约性关系，这就是常规关系，可以借助该关系推断其他事物之间深层的隐意关系，实现高层次推理。由于显性表述通常有不完备性，要对语言全面理解，就必须通过其隐意加以补足或阐释，常规关系是补足和阐释的有效途径。所以语言的隐意不仅是修辞，而且在表达中具有本体地位。由此可见，心理模型的含意推理因果化模型就是常规关系语用推理机制和心理模型相结合产物，尤其强调关系的重要性，此关系中不仅有内容层次性，也有形式相异的范畴特性，其中涉及的错综复杂关系给了本研究启示。

3. 勒温的心理生活空间或生活空间

人们与外界互动时，个体内在并不只是一些事物或关系等心理内容参与加工，而是存在一种整体的情景，以此为基础理解外界。正是基于这种理念，勒温（K. Lewin）提出心理生活空间概念，[③] 假设个体内心存在心理环境，由人和环境共同组成心理事实，个体以心理环境为基础对外界信息进行加工处理。他进一步借用拓扑学和向量学诠释心理环境的结构特性，进而表明其动态性特点。他所描述的心理生活空间存在区域，个体心理活

---

① 徐盛桓：《基于模型的语用推理》，《外国语》2007 年第 3 期。
② 徐盛桓：《基于模型的语用推理》，《外国语》2007 年第 3 期。
③ 郭子仪：《勒温"心理的生活空间"述评》，《贵州民族学院学报》（社会科学版）1995 年第 3 期。

动是在不同区域发生。因有区域则就有边界，由此区域限制活动的范围，也保护该范畴内的活动不受影响。有的心理活动在区域内加工，有的心理活动跨区域进行，所以区域之间的关系并非静态，各种心理活动经常跨越边界，从一个区域进入另一区域，这时就会产生位移。主体往往采取不同的策略，即心理生活中经常产生不同位移。因心理生活空间是在区域、位移等概念影响下的空间，所以是几何学意义上的空间，而非人们理解的物理空间，也正是因为区域和位移，心理生活空间可以阐释心理事实间的相互依赖和相互作用关系。勒温借用拓扑学语言对心理事实的空间属性描述不仅解释了静态的心理表征现状，而且生动形象描绘了一幅心理活动的目的性、动力性蓝图，对当今认知哲学理论的建构具有积极的意义。

格式塔心理学家考夫卡借用行为环境的概念说明心理活动状态，认为人们的行为不是由物理环境决定，而是由个体当时所意识到的心理环境决定，但是在现实生活中存在不被个体意识却产生影响的无意识事实，行为环境无法解释这一点。[1] 勒温所说的心理环境并不限于意识环境，还包括无意识产生作用的事实。所以心理环境比行为环境内涵更广。同时，勒温以动力性为基础，将知觉和身体等因素包容在内，又将客观环境、意识中的环境和心理环境区分开，避免了意识局限性所造成的困扰。但是他关注焦点只是行为或事物之间的相互关系，而非事物本身，也不是空间本体论意义，有一定局限性。

4. 巴尔斯意识剧院——心灵的工作空间

与勒温的心理生活空间相比，心理学家巴尔斯（B. J. Baars）的意识剧院更加形象生动。[2] 他认为意识像一个大剧院。既然是剧院就应该有基本的成分，工作记忆（working memory）是舞台，属于个体内心领域，包括内心言语（inner voice）和视觉想象（visual image）等，在那里可以存储记忆内容，也可以演绎人生一段段精彩故事。意识体验的内容是前台演员，即将进入意识的内容是后台演员。意识的内容就像聚光灯（focus），

---

① 考夫卡：《格式塔心理学原理》，黎炜译，商务印书馆，1936，第 8 页。
② 巴尔斯：《在意识的剧院中——心灵的工作空间》，陈玉翠等译，高等教育出版社，2002，第 25 页。

聚焦在工作记忆某个演员身上时，意识的内容则产生。作为代理者和观察者的自我（self as agent and observer）是后台操作员（operator）或导演，执行主管任务，随意调控工作记忆的内容，随时控制即将上场剧情或者临时改变当下剧情。台下的观众是无意识的内容。巴尔斯的意识剧院生动地说明意识的空间特性，意识演绎过程，尤其将自我融入其中，体现心理现状的主动性。但他只关注意识部分，无意识现状在现实生活如何体现并未涉及，这也是笔者在心理空间中要补充的部分。再就是生活中当下状态不只有一个主角，有时几个主角同时表演，这也是本书将探讨的内容。

（二）国内研究动态

1. 认知的集合

罗志野在著作《我是谁——对人的心理哲学思考》中对心理空间进行了解释，认为人类运用丰富的语言描述外界世界时，多种多样的认知就形成了复杂的心理空间，心理活动在心理空间进行。[①] 通过与宇宙空间比较，他提出了心理空间特点。第一，心理空间有力的作用，是符号与符号之间力的作用。符号是一种具有形体和意义并能够引起个体的感觉、情绪和身体需要的非实体东西，包括图像、语言和情感。此外还有压力、缓解力、腐蚀力、诱惑力等，其中主要的作用力是思维语言力，并且可能运用其进行自我心理调节。第二，心理空间的构成是一个学习的过程，从零开始在无限增大和扩张，直到个体消亡。第三，心理空间包括意识与无意识内容，包括使人类心理健康与不健康的内容。罗志野把影响人类不健康的内容称为"黑洞"。第四，心理空间有气流或波动，这就是情绪波。人的思想是意识流，这些意识流会产生各式各样的情绪波，个体的心理素质不同，情绪波的影响程度不同。罗志野的心理空间不仅提到心理内容，而且涉及心理空间的动力来源及意义，在动力推动下，心理空间才能体现真正意义。动力来自情绪还是认知？两者只是心理过程的产物，可以引发心理空间中认知机制运行，并非动力源。动力源到底为何？有可能与身体和自我有关，本书将进一步论证。

---

① 罗志野：《我是谁——对人的心理哲学思考》，东南大学出版社，2011，第28页。

2. 内在空间

张沛超在探讨内在空间（inner space）时提到，内在空间也是心理空间，是语言维持下的意象塑造结构，与其他心理空间相互作用，有很强的个体性特点。[①] 它与机体关系紧密，是机体接收到刺激后的内在表征。心理空间又是在语言作用塑造下形成的，它所具有的丰富性和精致性与主体语言的复杂程度相关，甚至可以说语言就是内在空间的支柱。反之，语言的深层结构深受心理空间的影响。心理空间无法像现实空间那样被测量，是第一人称自我适应性功能结果，以经验式容纳内心现实并给予其秩序和意义。通常个体为了区分自身和他人，会使心理空间维持一定边界，通过边界与外界互动。张沛超借助边界提出了心理空间与心理健康的关系，即良好的边界是确保心理健康的基本标准。总之，他给心理空间绘制了一个轮廓图，其中有身体和语言作用，也有边界和第一人称个体性，而且他所强调的心理健康，也有积极意义，但是心理空间中各元素之间的具体关系如何，他没有进一步阐述，更没有论证其存在性，即其本体论意义上的心理空间研究是缺失的。

3. 心理学的意义空间

赵宗金在《心理学的意义空间——一种隐喻视角的考察》一文中提出心理学的意义空间，他认为当从隐喻的角度来考察心理学的建构过程时，心理学所表达的意义构成的意义空间。意义空间的构成是在理解种种隐喻过程中实现的。[②] 同时他认为隐喻分析隶属于话语分析的范畴，强调"隐喻分析关键就在于如何理清话语的'表达层'、'意义层'和'行为层'之间特定关系，这种关系也就是话语的字面含义、隐含义和言语行为的关系"[③]，即使对话语进行分析，也需要分析语境，只有在语境中才能把握表达和意义的关系。可见他的观点是立足于语境学的基础之上的。

---

① 张沛超：《心理治疗的哲学研究——心理治疗的基本范畴及其应用》，博士学位论文，武汉大学，2012，第42页。
② 赵宗金：《心理学的意义空间——一种隐喻视角的考察》，博士学位论文，吉林大学，2008，第4页。
③ 赵宗金：《心理学的意义空间——一种隐喻视角的考察》，博士学位论文，吉林大学，2008，第2页。

4. 心理表象和表征研究

在心理表象和心理表征相关研究中，也会发现心理空间相关属性的痕迹。心理学研究者在探讨表象或心象表现形式时，对于是借助语言还是非语言进行了讨论，其中非语言包括图像或空间表征等，他们通过心理操作、心理扫描和心理旋转等实验，说明了心象不仅包括视觉空间推理，而且具有内在的空间属性。部分研究者认为心象表征不是图像，而是人们对场景进行详细心灵语言的"描述"，如菲利什在解释心象本质时认为心象是借助语言形成的，是一种特殊的心灵语言，所有与心象相关的现象，必须借助心灵语言的表征来解释。然而部分认知科学家通过实验证明心象是非语言形式的表征。科斯林通过计算机图形的类推处理模式，提出了视觉心象类似绘画的计算加工理论。计算机加工图形文件时，是以非绘画的形式压缩并储存，输出时就转换为视屏上的图形。同样，个体对外界信息进行加工时，视觉信息以简洁文字描述形式存储于大脑中，信息只有在视觉缓冲区产生视觉空间二维图画时才能被体验为一个图像，心象经验以及对心象的认知过程就是视觉缓冲中的功能性图片。这些理论为心理空间的视觉经验提供实验基础。

总之，对于"心理空间"，语言学和心理学研究的较多，以福克尼尔为代表的认知语言学家立足于概念研究，提出了系统的心理空间相关理论，详细阐述了心理空间的结构、原则和多个空间的关系，许多研究者借用这一理论探究认知语用、认知语义、语法化、概念合成、翻译、教学等，对国内外的认知语言学研究起到巨大的促进作用。在心理学界心理表征、心理模型和内在世界相关理论影响下，笔者思考意欲阐述的心理空间是突出心理内容，还是强调心理内容之间的关系。如果强调内容，则本研究的核心是论证其存在。如果强调关系（关系意味着关系物和关系体，是功能结构），则预设心理空间是功能空间。这个疑问引发另一个疑问，本研究意欲突出本体论还是价值化？结合上述理论和心理现实性，笔者将本研究定位于关系空间。勒温的心理生活空间是关系空间，但理论较散，没有成为一个体系，没有论证关系本质含义，而且应用面较窄。认知科学视角相关关系空间研究缺乏认知、情景、环境和自我之间的整合性，缺乏认知、心理与情绪之间的动态关系研究。本研究尝试弥补以上不足，以语境为背景，进一步提出心理空间本体论及结构特性，运用拓扑几何研究方法，进一步论证其动态关系，为认知科学研究提供理论基础。

三　研究思路和方法

（一）研究思路

本书立足于认知哲学、心理学和语言学，首先厘析空间哲学相关研究，探讨心理空间的本体论、认识论和现象学基础，提出心理空间概念，诠释其渊源、核心、结构、边界等特性。其次，论证心理空间存在三重认知语境维度，建构拓扑性心理空间认知语境模型，探讨每个维度认知机制和认知语境模型的特性。最后，将心理空间的认知语境模型应用于临床心理学评估及治疗中，补充空间隐喻理论和知觉符号理论的不足，体现其现实意义。

（二）研究方法

1. 概念分析法

现有研究中，与心理空间相似的概念有"精神空间""社会空间""概念空间""逻辑空间""网络思维""认知图式""认知模型""元空间""心理场"等，本研究在对这些概念的内涵、结构和语境进行分析的基础上，进一步提出心理空间概念，运用各种理论论证其存在的可能性。

2. 语境分析法

笔者认为一个心理空间，一方面包括语言、语用和语义这些显性语境，也包括社会语境、主观语境等隐性语境。心理空间不仅由身体觉知、语言空间和逻辑空间等显性因素构成，而且包括第一人称语境隐性关联语境，并随着主观语境的变化而变化，也包括社会语境等客观语境。这些语境承载着认知心理、思维表达和无意识现象等。某种意义可以说一个语境对应一种心理空间，用语境解释空间是非常恰当的。

3. 拓扑几何研究法

本研究运用拓扑几何的定义来阐释心理空间的拓扑几何特点，论证心理空间存在拓扑不变性，存在区域性、位移性和边界性特点，论证心理空间中诸元素具有拓扑结构特性。结合拓扑心理学的理论诠释心理空间各元素间的动态关系，一个区域表示一个空间，拓扑边界分别表示心理空间边界，运用向量学和位移理论说明心理活动的多种意向性，进而体现心理空间的变化性。这种将静态和动态结合的研究方法，给予核心理念视角感、丰富感和生动感，使得概念和模型更加清晰。

四　研究的创新之处

（一）立足认知哲学视角探讨心理空间概念

在中国知网 CNKI 输入关键词"心理空间"查阅，截至 2019 年 12 月 31 日共有 1277 条相关文献信息，其中属中国语言文学领域的有 382 条，属外国语言文学领域的有 196 条，列第三位的是美术书法雕塑与摄影领域，共 113 条，列第九位的是心理学领域，共 31 条，哲学学科领域的相关研究极少。目前收集到的认知语言视角的心理空间相关资料，多是集中于语言概念之间的关系解释，少部分研究从美术或文学角度对心理空间的内涵、运用、形成过程、功能进行探讨。本书试图契合认知哲学学科发展需要，探究心理空间的本质，推进认知哲学学科发展。

（二）拓扑几何学研究方法的应用

拓扑几何主要受拓扑学、向量学和操作主义的影响。借助拓扑几何这些概念，心理空间也有了心理区域、心理边界和心理位移等概念。拓扑心理学首先强调规律性，其强调任何事件都有规律可循，不管是显性还是隐性，总之行为是个体和环境的函数。其次强调整体性，强调一个有边界的整体区域。再次强调变化性和方向性，拓扑心理学的向量学就提到了区域之间的位移变化。这种变化可以描述心理空间内部各元素的关系。这种关系不仅是线性关系，还包括非线性关系，并不是单一的意向性，是多重意向性的交叉。最后增添了视觉感。当我们进行交流时不仅有思维逻辑推理，而且也有视觉感参与，可以说"线""面""体"均有，而拓扑心理学可以给我们这样一种视野。总之，用拓扑心理学来研究心理空间的语境模型有重要意义，但是认知哲学领域的文献中谈论得极少。

（三）建构心理空间的认知语境模型

本书基于认知语境视角尝试建构心理空间。看似复杂混乱的心理空间，总会因不同的事件或情感，隐性或显性体现不同认知层次的认知语境，因此可以借此厘清这一关系空间，服务于认知科学研究。

第一章　心理空间的历史发展脉络

说起"心理空间"，常常有一种不证自明的解释：承载个体内在的所思、所想和所感，服务于个体与外界交往，或者服务于自我认识的功能空间。人们通过心理空间表达个体内在世界，在此，它等同于内心世界，等同于心理。在这种大众化理念的引领下，许多研究者将其与物理空间、行动空间和情感空间混为一谈。心理空间的本质究竟是什么？学术界又是如何诠释这一概念的？目前似乎只有福克尼尔立足认知语言学提出系统的相关理论，在哲学和心理学应有之处却几近阙如，但是沿着近代哲学、现代和后现代哲学理论发展的线索，会发现许多与其相关的理论。本章将溯本求源寻找"心理空间"本体论和认识论的足迹，将一些纷繁复杂的理论进行翔实分析，为哲学和心理学领域的心理空间提供相应理论基础。

第一节　空间实在论作为传统空间哲学研究的开端

说到"空间"一词，人们的第一感觉是它就像水一样随处可见，太普通了，普通到让人感觉"这也需要研究吗"，如果再多加解释，人们会陷入一种"你不说我还明白，你越说我越糊涂"的状态。其实从古希腊开始，许多哲学家便对空间的概念提出了一些见解，但始终处于懵懂的探索阶段，没有形成一般性认知。真正开启传统空间哲学研究的是亚里士多德和牛顿，他们分别提出的相对空间和绝对空间概念，推动了形而上学的系列空间思想启蒙和自然科学空间研究。

在西方哲学史上，亚里士多德的空间实在论可以说是人类空间认识史上第一个较为完善的空间理论体系，他把时间和空间（地点）作为自己的十个范畴中的两个，是无限的、永恒的、不依赖于人的意识而存在的。他将空间类比为容器，"空间像容器之类东西，是不能移动的容器"①，空间与物体没有本质的区别，并且不能脱离物体单独存在，与物体有同一性，无论是哪种物体，只有物体时刻存在，空间存在才有意义。他进一步将空间分为共有空间和特有空间两种形式，共有空间是所有物体存在于其中的空间，特有空间指的是每个物体直接占有的物理位置。② 每个物体位置之和为共有空间，亚里士多德所提的共有空间无疑是宇宙空间，特有空间是指物体的位置空间，这种共有和特有之分，为自然科学理论提供了重要的理论参考，为形而上空间哲学思想打下坚实的基础。

提到宇宙空间，人们会联想宇宙物理学的大爆炸假说，许多科学家相信宇宙来自一次大爆炸，宇宙在爆炸前是一个点，爆炸后产生空间和时间。如果空间只是物质存在的形式，这意味着没有物质就不存在空间，那么就把这个点当作零点。时间为零，空间为零，物质为零。大爆炸瞬间形成空间，在引力作用下，恒星、星系开始形成，再往后是太阳系和生命及人类的出现。这时人们观念中的空间是客观、绝对的物理空间，是几何学、物理学和天文学研究的空间。牛顿承认了物体的客观实在性，同时也假定了空间的客观实在性，认为空间和物体一样是绝对独立存在，空间好像容器，即使物体消失，作为背景、框架和容器的绝对空间仍然存在，是永恒的实在。这种绝对空间理论曾经在空间哲学研究领域处于核心地位。同时，牛顿也提出相对空间，"相对空间是绝对空间的可动部分或者量度，我们的感官通过绝对空间对其他物体的位置而确定了它，并且通常把它当作不动的空间看待。如相对于地球而言，大气，或天体等空间就都是这样来确定的"③。这种绝对与相对之分，体现空间的静止不变与运动可变同在，真理性空间和经验性空间并存，这些见解无疑是正确的，但是这两种空间可以不依赖于物体和运动而存在的思想，无疑具有形而上学的意味。许多自然科学家更加强调牛顿的绝对空间理念，将其运用于特质普遍运动

---

① 亚里士多德：《物理学》，张竹明译，商务印书馆，1982，第100页。

② 亚里士多德：《物理学》，张竹明译，商务印书馆，1982，第103页。

③ H. S. 塞耶编《牛顿自然哲学著作选》，上海外国自然科学哲学著作编译组译，上海人民出版社，1974，第19页。

现象中，认为该理念在人类的时空认识史上是一个重要的里程碑。

第二节　心理空间的本体论渊源：从主观想象空间
走向外在空间观

自从牛顿之后，代表空间科学的数学空间与形而上的空间思想逐渐分离，在人类空间认识史上形成了空间科学与空间哲学的分野。许多哲学家尝试对"空间"做出一个明确的概念判断，因"空间"自身的复杂性和不确定性，研究中常常会被内化为某种抽象与形而上的概念，所以，"在传统哲学里，空间是一个形而上学的问题"①。其中 17～18 世纪如笛卡尔的想象空间、康德的先验空间、莱布尼茨的关系空间等诸多形而上的空间哲学观，针对空间是属于事物本身或关系，还是依附于我们心灵的主观状态等系列疑惑进行探讨。尽管众多理论立足不同视角阐释空间的理念，但其中渗透心理空间的本体论和认识论争议，为心理空间这一概念形成和发展提供了理论渊源。

一　想象空间：心理空间的形而上学思想开端

笛卡尔著名的"我思故我在"论断，也体现了空间本体论的诠释。他认为在客观的物质世界中，物体的根本特性是广延性。如果把硬度、颜色、重量等性质从物体中排除掉，物体仍不失其存在。然而，如果排除物体长、宽、高三向量即广延特性，物体就不存在了。既然物体是占据空间的实体，那么广延与空间则是同一的，即空间是一种广延属性，长、宽、高三向量的广延不但构成物体的本质，而且也构成空间的本质，但是广延性是以主观意识的存在为前提的。笛卡尔通过对想象的研究阐释意识对空间作用。他认为想象构造了空间，并且联结了时间，同时运用独特的形式处理物体，既可以借助形状和影像来理解客观事物，又可以通过创造形状进而领会和勾画主观事物。笛卡尔在后期研究中进一步将想象定义为一种构造空间的能力，人们正是在空间中想象各种广延性物体具体形状。笛卡

---

① 冯雷：《理解空间：现代空间观念的批判与重构》，中央编译出版社，2008，第56页。

尔所论述的想象空间，也是外部空间在个体内部的表征，体现对心理空间如何产生的本体论思考。他的空间理论涉及众多学科领域，他用几何学理论解决光学问题，提出特质运动相对性思想等，这些均体现其对空间科学独特贡献，对心理空间的方法论研究有启示意义。但至于身心与空间关系如何？心如何经身体感觉空间？其并未做出详细解释。

二 关系空间：心理空间的本质特征启示

与牛顿同时代的莱布尼茨否认时空是一种绝对、永恒的客观存在，"这些先生们主张空间是一种绝对的实在的存在，但这把他们引到一些很大的困难中。因为这存在似乎应该是永恒的和无限的。所以就有人认为它就是上帝本身，或者是他的属性，他的广阔无垠。但因为它有各个部分，这就不是一种能适合于上帝的东西"[①]。他认为空间代表事物并存的秩序关系，具有纯粹相对性，空间表象是事物间一种秩序关系的经验呈现，但这种经验在理性思维中是清晰的，而在感性直观中是混乱和模糊的。由此可见，莱布尼茨这里所谈的"关系"，是事物在形成秩序过程中的一种"关系"，是脱离事物存在的主体意识，这种主观唯心主义思想，并没有真正重视和明确空间本身的"关系"问题。

三 感知空间：心理空间的实证研究起源

空间究竟如何产生？17~18世纪英国经验主义代表人物洛克、贝克莱和休谟，强调以感觉和知觉为基础的空间关系特征。洛克强调以知觉为主的认识论，认为感官经验和知觉观念各异，人们通过视觉和触觉等感觉经验在心灵中加工后形成知觉观念，空间形成也是这样一个过程，通过感觉经验获得关于事物并在关系的观念，一旦感觉和知觉之间出现经验断裂，包括触觉、视觉或听觉等感觉获得的经验就无法呈现空间观念印象。贝克莱尤其强调视觉和触觉在感知距离、体积和位置方面的重要作用，认为视觉和触觉决定人类空间知觉，他借助生理学视角分析了视觉形成的原因，认为视觉、触觉等各感官功能不同，视觉和触觉功能互补，是形成空间知

---

① 《莱布尼茨与克拉克论战书信集》，陈修斋译，商务印书馆，1996，第17页。

觉的主要感官。休谟在贝克莱的基础上，更加深入探讨了空间观念的特点。他认为空间观念源于印象，印象有内在印象和外在印象之分，内在印象指情感、欲望等，外在印象与感官经验有关。那么，空间观念是来源于内在印象还是外在印象？首先不是来自外在印象，"在我眼前的这张桌子，在一看之下就足以给予我空间的观念。因此，这个观念是由此该出现于感官前的某一印象得来，并表象那个印象的。但是我的感官只能传递以某种方式排列着的色点的印象"①。其次也不是来自内在印象。他认为空间是人们思考事物之间关系时产生的，而事物之间的关系经常会涉及因果关系，所以他得出一个结论就是因果关系就是两个事物在时间或空间上的连接性及恒常性，即事物总是相邻发生，相伴呈现。加之因果关系是有限的，所以时间和空间也是相对有限的，不具有必然性。那么，由此产生的空间关系知觉是客观还是主观的，他没有清晰回答，只是模糊说明空间观念既不能脱离客观特质而存在，又不能仅仅依靠内心的感觉。休谟的论证看似合乎逻辑，但是因心灵的认识能力的有限，所以得出空间观念有限的结论，虽然是一种主观经验主义思想体现。

无论是莱布尼茨所叙述的秩序关系空间，还是洛克、贝克莱强调感觉器官的关系空间，休谟的因果关系空间，均涉及感觉空间和知觉空间两种不同类型的空间，这些观点对心理空间的实证研究有着重要的启发意义，但是在强调空间内有关系时最终还是陷入了主观决定客观的唯心主义泥潭之中。

四　先验空间：心理空间的形而上学思想发展

谈起空间是一种形式，最先考虑到的是康德空间先验形式，因为他将形而上的本体论空间思想引入认识论领域，引领研究者的视角转向认识范式，从认识能力的视角研究空间理论，具有划时代意义。康德修正亚里士多德传统的空间概念，继承牛顿绝对空间的普遍必然性，汲取莱布尼茨的关系空间思想，断然提出了"空间和时间是先天知识原则的感性直观纯形

---

① 休谟：《人性论》，关文运译，商务印书馆，1980，第47页。

式"①。在康德看来，应该从现象出发来理解空间，而不应该从物本身出发来理解空间，空间不是物自体或物自体的某种属性，而是主体自身先天具有的感性直观形式。空间这一本质特性包括两层意义。第一，直观是最快捷的思维方式，思维对象存在时才可以发生。空间直观性既具有经验的实在性，又具有先验的观念性。经验的实在性是指，凡是在经验中涉及的对象或现象，空间对之都有实在的客观效力。先验的观念性是说，空间与客观存在的事物或其属性无关，纯粹是主体先天具有的直观形式。总之，空间的直观性决定了认识和认识对象存在的先天条件。第二，空间的主观性。主观性即主观能力先于对对象的直观，先于现实知觉和经验，是空间感性存在的前提，空间因之不同而不同。可见空间和时间还是依附于心灵的主观状态，但并不像颜色、声音、气味那样是纯属主观的、偶然的、因人而异的主观，而是来自先天的直观形式，是对经验现象具有普遍必然的客观作用和效力，空间是思维理解世界的透镜。虽然康德一直强调空间认识的先天直观性，但他并不排斥经验在空间认识中的作用，他在先验空间和经验空间左右摇摆的状态，意欲强调两种不可混淆的形式，只有将其限定在一定的范围内才能清晰认识。康德的空间观对于变革人们的思维方式产生了重要的影响。

叔本华的时空观也是形而上意义上的，尽管他没有着重论述，但在他的论著中无处不渗透着时空观。他借助康德的现象和物自体的划分解释自己的观点，② 认为物自体是"意志"，外在于主体的世界，不是现象而是表象，是主体的表象，主体作为表象者，其表象能力有四部分——感性、知性、理性和对认识主体本身的表象能力即在内感官中存在的自我意识，叔本华借助时间和空间对其意义进行解读。他认为感性是第一种表象能力，是直观、完整和经验的表象，他借助康德的观点，认为世界仅有物质成分还不能形成主体的表象，还需要主体赋予它们康德意义上的先天直观形式——内在时间和外在空间的形式，并且内外两种形式共同作用才能被感

① 江怡：《康德的空间概念与维特根斯坦的理解》，《北京师范大学学报》（社会科学版）2011 年第 3 期。
② 吴烁偲：《论叔本华的时空观》，《科教导刊》2011 年第 5 期。

知。时间和空间如何共同作用？这就是他提到的第二种表象能力"知性"，知性是由时间、空间和充足理由律结合起来的，使感官材料组成所知道的外部世界。第三种表象能力是"理性"，是抽离出时间和空间，舍弃不同表象部分保留共同部分的概念化过程。最后一种表象能力是自我意识能力，他认为这一层次可以排除空间保留时间的方式进行表象，因为意志主体的自我意识只需要内在经验，这些经验与时间密切相关。叔本华的时空观具有明显的唯心主义色彩，但其时间和空间互为条件、相互作用的关系为几何学提供了依据。

五　己外空间：心理空间由内部主观性转向外在世界

在形而上的空间思想观念中，黑格尔是一位极端唯心主义者，他借用辩证法论证空间的本质及其与时间、物质和运动的关系。他认为"自然界最初或直接的规定性是其己外存在的抽象普遍性，是这种存在的没有中介的无差别性，这就是空间。空间是己外存在，因此，空间构成完全观念的、相互并列的东西；这种相互外在的东西还是完全抽象的，内部没有任何确定的差别，因此空间就是完全连续的"[①]。其中"己外存在"是绝对观念自身外在化的存在，空间是己外存在的观念性东西，他进一步诠释观念性的属性"空间是纯粹的量，这种量不仅仅是逻辑规定，而且是直接的和外在存在的"[②]。关于时间与空间的关系，他谈到时间透过空间得以存在，空间因时间的变化而变化，从辩证角度，没有脱离时间的空间，也没有脱离空间的时间，时间、空间在物质的运动中是统一的。尽管黑格尔是在形而上的思路下提出了空间观念性的特征，但其对立统一的辩证法已超越了传统形而上的思想，有其创造性和深刻性意义。

总之，形而上学空间论的发展历程是从牛顿的绝对空间开始，结束于黑格尔思辨空间，空间从脱离人间的先验形成到个体内在的感觉和知觉，从一种属性、一种关系到一种形式，从主体内存在到己外存在，其中所涉及的想象空间、感知空间、因素关系空间、秩序空间、表象空间等，无不

---

① 黑格尔：《自然哲学》，梁志学等译，商务印书馆，1980，第39页。
② 黑格尔：《自然哲学》，梁志学等译，商务印书馆，1980，第40页。

体现心理空间的本体论思想。但研究者将其概念推向范畴、属性和关系等抽象和虚无的境地，将空间推演为"幻觉"和"谬误"，空间的其他重要属性被忽略了，正如国内学者冯雷所说"传统哲学非但没有对空间进行恰当的重建，反而贬低空间，使空间一度淡出论域"①。空间远离人间，没有了人情温度，尽管人们无时无刻不生活在空间中，然而对其的认识越来越盲目了。

第三节　心理空间的认识论渊源：从外部社会空间
走向个体内在空间

虽然心理空间是个体内在的心理表征，但所表征的是心理内容，与个体生活和社会互动密不可分，社会、经济、文化等构成了心理内容的社会维度。本书尝试从社会空间、文化空间、城市空间和精神空间等理论出发，理解心理空间。

社会空间的产生和发展与时代社会背景息息相关，随着人类实践活动的介入和资本主义生产力、生产关系的发展，尤其20世纪末全球化浪潮的涌来，信息化、网络化和虚拟化等新的空间形式和现代社会发展交织在一起，空间渐渐变得多样化，人们对空间的研究从探讨空间本质等思辨问题转向立足于社会现实需要，研究空间该如何为人类服务，研究人们对自然空间的实践如何影响社会、文化和个体的意识。社会的发展要求物质空间认识论将空间的维度扩展至社会和个体的意识层面，促使了人文、社会科学领域的抽象性空间研究。在经典的马克思主义理论体系中，空间尽管不是核心概念，但其对社会空间问题给予了极高的关注，对资本主义背景下社会空间的必然性、资本空间生产的本质等提出极具穿透力的洞见。同时代齐美尔在自然空间的基础上研究社会空间的意义，他发现了从自然空间到有意义的社会空间创建整个过程，空间的社会属性高于自然属性，个体内在属性又高于社会属性，"空间从根本上讲只不过是心灵的一种活动，只不过是人类把本身不结合在一起的各种感官意向结合为一些统一的观点

---

① 冯雷：《理解空间：现代空间观念的批判与重构》，中央编译出版社，2008，第56页。

的方式"①，可见，社会关系和社会互动等社会属性都与空间问题相互交织、相互依存，空间被赋予了社会学意义，被赋予个体心灵活动的意义，这些为心理空间理论打下了坚实的基础。总之，19世纪末至20世纪初，研究者开始汲取社会文化视角的元素，倡导空间作为意义系统、象征系统来表达意识形态、价值观、信仰等，这有助于思考社会、历史和空间的共时性及其相互依赖性。但是在此基础上所研究的空间是一种社会空间，仍然没有脱离其自然属性，更不用说建立自己的话语。20世纪70年代之后，列斐伏尔、福柯、哈维和苏贾（也译作"索杰"）结合时代的特点，开始将空间作为"对象"而非"背景"进行研究，空间研究开始有了自己的研究范式，有了自己的话语体系。

一 社会空间：心理空间的社会文化基础

20世纪70年代末，时代发展使得许多西方社会学研究者将空间研究视角从物质结构转向政治、经济、文化、社会和意识形态等层面。法国思想家列斐伏尔提出了具有划时代意义的社会空间理论，尤其是精神空间的提出和论证，使空间研究对象从世界转向人类自身，希望通过人的认知空间表征对社会空间进行论证。首先，他在巨著《空间的生产》中提出空间本质，即社会空间是社会生产的过程，"空间的本质是社会生产的过程，也是社会生产力或再生产者，是客观的也是主观的，是实在的又是隐喻的，是社会生活的媒介又是它的产物，是活跃的当下环境又是创造性的先决条件，是经验的也是理论化的，是工具性的、策略性也是本质性的"②。这种差异和开放性思想影响随后空间研究的进展。其次，他结合时代发展需要提出了空间三元辩证法，尝试诠释和实践社会空间理论。三元辩证法的核心范畴为空间实践（spatial practice）、空间表征（representations of space）和表征空间（spaces of representation）三个重要环节。第一环节为空间实践，即客观物质运动与相互作用等方式，也包括各种物质实践活动

---

① 齐美尔：《社会是如何可能的：齐美尔社会学文选》，林荣远编译，广西师范大学出版社，2002，第292页。
② 转引自索杰《第三空间——去往洛杉矶和其他真实和想象地方的旅程》，陆扬等译，上海教育出版社，2005，第57页。

及其结果，以保证生产与社会再生产。这种空间实践是人类最初的绝对空间状态，也是最早将空间作为物质性空间实践感知空间的认识方式。第二环节为空间表征，即概念化空间，包括逻辑抽象与形式抽象，经常与知识、符号和代码有关，类似于马克思的生产关系和上层建筑等概念，是被构想为任何一个社会占主导和统治地位的空间，也是经常被称为表征物的"真实的空间"。第三环节是表征空间，具有乌托邦性质的象征性符号空间，人们生活其中经历和体验到的本真性空间，是一种被动和充满矛盾的生活空间。这一环节是对"空间表象"环节的超越，又是对"空间实践"环节的回归。这三个环节中很明显后两者，无论是统治地位还是被统治地位，都是人的主观作用，是心理和精神层面意义的空间。借用三个环节，列斐伏尔用社会和历史解读空间，又用空间解读社会和历史，把物质的、精神的、社会的空间看作一个事物的整体，只有借助整合才能正确理解空间，三个环节是真实和想象、具体和抽象、实在和隐喻结合。再者，三个环节是认识空间的三个维度——感知、认知与体验，也是个体心理空间不同维度体现。最后，他依据空间化进程来理解历史过程发展：绝对空间——自然状态；神圣空间——埃及神庙和暴君专制国家；历史性空间——希腊和罗马帝国；抽象空间——资本主义政治经济空间；矛盾性空间——全球化资本主义时代；差异性空间——重新评估差异与生活经验的未来空间。列斐伏尔尽管强调社会空间，但他仍将精神空间置于主导和统治地位，是构成知识权力的空间。

列斐伏尔的空间三元辩证法，将辩证唯物主义研究从时间转向空间，详细论证了社会生产的一个重要概念——社会空间，强调这一空间不是通常意义的地理学和几何学概念，而是社会关系重组与社会实践的建构过程；不是抽象逻辑同质性结构，而是动态矛盾的异质性实践过程；不仅是被生产出的结果，也是再生产者。他提供了批判资本主义新视角，对于人类社会历史演进具有一定的科学意义，尽管其政治色彩很浓，但是他构建一个新的空间本体论理论体系，提出众多心理空间中的元素概念，对于社会空间和精神空间研究起到里程碑式的作用。

二 异质空间：心理空间的多元化聚焦

除了列斐伏尔对空间转向研究起到决定性作用外，福柯也注意到了空间在历史发展中固定的、非辩证和静止的命运，他立足于地理学的视角，接过呼吁社会空间研究的旗帜，开始了自己的"异质空间"研究，他研究的切入点是日常生活中复杂的社会关系网络，理论核心是知识与权力的隐喻空间。"我们处于同时性、并列性、靠得近与靠得远、并排、被分散的时代。我相信我们处于这样的时刻，在这里与其说人们体验的是在穿越时间过程中自我展开的伟大生命，不如说是一个网状物，这个网状物重新连接某些点，使各条线交错复杂。"① 其实福柯在这里所提到的复杂网络关系，与列斐伏尔一致，如绝对空间、抽象空间、共享空间、具体空间、文化空间、矛盾空间、差别空间、主导空间、认识论空间等，但是福柯不仅提出空间的多样性，而且研究多样空间的特性和关系，尤其强调"异质"的特性，即我们生活的空间是一个个互不相同的空间，甚至包括冲突的空间，被称为"异托邦"。他从六个方面诠释异托邦的特性。其一，世界文化多元性，因世界各地文化不同、民族不同、世俗不同形成的异质性。其二，不同社会背景下的异质性，如因资本主义和社会主义社会性质不同所带来的异质特点。其三，一个物理空间中并存自相矛盾的不同空间，尽管这些空间有主次之分，有隐性和显性之分，有物理与抽象之分。其四，不同时间段产生的异质空间，即一个物理空间存放不同年代的事物，如图书馆存放浩如烟海的不同时代、不同类型文化的资料。其五，各种异质空间之间既开放又封闭，既隔离又相互渗透。如对方对我来说是他者，我猜不出他的心思，不能进去。如监狱等空间事实进不去，但可以想象进去。其六，空间有真实与虚幻两极表现，如殖民者入侵后，随着社会交往、语言等的改变，一个异托邦空间被创造出来，同时又是一个绝对真实完善的空间。从六个异质空间的解释中，他不仅强调有物理空间，也强调心理空间，如矛盾空间、想象空间，不仅谈到存放内容有主次与隐显之分，也谈

---

① 尚杰：《空间的哲学：福柯的"异托邦"概念》，《同济大学学报》（社会科学版）2005年第3期。

到空间的功能结构，尤其重要一点，所有表述已经渗透了权力在空间研究中的重要性，这是他有别于其他空间研究者的独特之处，也是他研究空间的意义所在，"一部完全的历史既是一部空间的历史，也是一部权力的历史，它既包括从地缘政治的大战略到居所的小策略，也包括从制度化的教室建筑到医院的设计"①，他认为现代国家借助空间对个体进行控制和管理，通过规范空间，赋予空间一种强制性，达到控制个体的目的。质言之，知识是权力的形式，空间是权力实施的手段，权力借助空间的物理性质来发挥作用，空间、知识和权力问题是建构历史的核心问题，其中权力空间的分析重点部分。基于此，福柯的空间是权力的媒介，是权力藏身之所和运作场所。

因此，福柯与列斐伏尔均立足于政治、权力对资本主义社会空间进行批判性阐述，批判焦点是当时资本主义的矛盾聚焦点——都市化。福柯试图以空间的思维方式重新建构社会生活，阐释权力关系、知识的谱系与空间的关联。总之，"异质空间"不仅存在于差异性和异质性的现实社会文化空间，也关注那些兼有现实性和虚幻性的虚幻空间，同时包含"体验"和"想象"的空间及其文化实践。尽管福柯将空间研究范畴局限于权力之下，但这种空间多样性的思考与列斐伏尔相同，甚至比列斐伏尔更生活化，更契合社会时代空间的发展现状。

三　个体生活空间：心理空间的个体生活化转向

作为地理学家的哈维，对空间的理解更为敏感，他一方面继承了列斐伏尔的宏观政治经济视角，将空间理论与资本主义经济发展结合起来，强调空间与经济相互影响和相互控制的关系，认为空间的支配权直接影响政治经济的分布态势，直接影响社会的主导权，空间被卷入政治经济的斗争焦点之中。另一方面他扩宽空间研究的领域，将其与历史和地理紧密结合起来，融入现实生活中，融入人群中，体现人文关怀姿态，这是他新的人文空间思维理论范式。他总结了前人提出的较重要的三种空间——绝对空间、相对空间和关系空间，"如果空间被我们视为绝对，那么它就会成为

① 包亚明：《后现代与地理学的政治》，上海人民出版社，2001，第1~17页。

某个'物自体'独立于物质而存在。如此一来，它便获得某种我们能以对现象进行区分或结构，相对空间观则认为空间应被理解为物与物之间的关系，这种关系的存在只是由于物体存在并相互关联；第三种方式将空间看作相对的，我倾向于将其称为关系空间——莱布尼茨所理解的那种空间，某一物体仅就其在自身中容纳和表现与其他物体的关系而言，它才存在，在此意义上，空间被视为盛放于物体之中的存在"①。三种空间无论任何一种均有形而上的意义，在现代社会中，这些理论已无法回应现实问题，进而他提出了要对"关系空间"重新审视，当然这里的"关系"不是莱布尼茨所倡导之意，他尝试论证空间是一种关系的聚合所，能度量各种真实世界的关系。哈维用一事例来解释关系空间，他在一个坐满听众的房间里演讲，"房间"将演讲者与倾听者联系在一起。在其中听众与演讲者可以交流，听众与听众之间也可以交流，而这些交流背后蕴含着个体的不同文化背景和知识结构，因此，正在演讲的这个空间有着独特的文化关系式，要理解这个空间，就必须对这些关系进行解读。② 可见，相异的关系构成了相异关系符号，各种符号又有各自的语境，独特的关系空间由此出现。不同的语境又来自哪里？"现代性"是始终贯穿其中的统一语境。那么，哈维所指的"现代性"意蕴何在？这也是他空间理论的核心思想。哈维敏感地意识到要理解现代空间发生变化的原因、过程和结果，解剖当前的空间症候，必须将视角转向"现代性"，这样不仅认识当前现代世界，进而可反观各历史发展阶段的空间，同时将空间问题引入更为广阔和深刻的领域，城市空间、建筑空间、社会空间和生态空间均纳入空间的思考范围，空间研究进入一个更符合现实情境和伦理道德的形而下情境。可借此进一步全面诠释其关系空间思想。他在围绕"现代性"思考城市空间和建筑空间时，将视野投向人们的生命、生存和生活问题。当看到殖民者欺压和剥削劳动者，致使劳动者身心健康遭受极大的破坏时，他提出要思考生活在一个怎样的城市里这样问题时，先要思考"我们究竟要做什么样的人？需要寻求怎样的社会关系？与自然界如何相处？希望以怎样的方式来

---

① 陶东风、周宪主编《文化研究》（第10辑），社会科学文献出版社，2010，第46页。
② 陶东风、周宪主编《文化研究》（第10辑），社会科学文献出版社，2010，第51页。

生活?"① 这些反思体现对当时空间理论过度强调经济和政治空间的担忧，体现对空间人文情怀的思考，回答这一系列的疑问，需要将视角转向人自身，转向个体心理，将个体心理空间作为研究对象，从内心深处理解个体想做什么样的人，理解个体现有的社会关系和钟爱的生活方式，这样才能从根本上回答这些问题。

总之，哈维广泛涉猎自然空间、城市空间、建筑空间、资本空间和文化空间等，这些理论中更多融入了现代社会元素，可以说是将形而上的空间研究范式转向形而下，使"空间"注入社会和人的气息，促进了空间研究生活化。

四　个体精神空间：心理空间的内在世界转向

与哈维一样，苏贾也是立足于地理学视角研究空间，但其研究尝试从美学、政治、全球化、经济等角度阐述空间的多维属性，尝试将各种文化因素集合起来，重新思考空间、时间和社会存在的辩证关系，将空间作为文本的意义系统和指涉系统，研究其如何表达意识形态、民族和国家关系，因此，他强调空间本身是一个既定的脉络，只具有一种抽象意义。但是空间因具有空间性，所以会出现社会空间、物质空间和心理空间之分，三者之间相互关联。苏贾笔下的心理空间是以符号、认知图式或观念等为表征的，人是为了塑造社会生活而扮演的角色，其目的在于社会生产。他在列斐伏尔空间三元辩证法的基础上提到"第三空间"。② 第一空间对应列斐伏尔所说的空间实践，是物质化的空间，侧重于客观性和物质性，可直接把握或度量事物和活动的绝对位置和相对位置，体现空间的形式科学。因外界环境已提供详细的实物特征，只需观察，探索是什么即可。第二空间对应列斐伏尔的空间表征，苏贾将话语建构体系下的精神性空间活动归于其下，赋予精神极大的权力，因空间的抽象性，对空间的本质辩论都在其中探讨。第三空间类似福柯的"异质空间"，既是生活空间又是想象空

① 戴维·哈维：《叛逆的城市——从城市权利到城市革命》，叶齐茂、倪晓晖译，商务印书馆，2014，第4页。
② 爱德华·苏贾：《第三空间——去往洛杉矶和其他真实和想象地方的旅程》，陆扬等译，上海教育出版社，2005，第8~16页。

间，具有无限开放性。"苏贾的第三空间从目的性来看是个真实具有实验性质并且很灵活的术语。它旨在揭示真正不停地转换和改变的观念、事件、现象和意义等社会环境。"① 这一新的空间概念提出，有利于重新审视社会、历史和空间的共时性及复杂性问题。虽然苏贾以都市空间为切入点研究城市，但他探讨都市空间与个体认同的关系，研究都市空间是如何影响人格和心理，反之，个体又是如何感受空间并组织自己内在的意义经验对外界进行反应，进而不断建构内在的意义空间，此时空间已经转向人的思想活动重要认知场域，他的研究关注点已经从外在空间转向了内在的心理空间。

关于"第三空间"概念，列斐伏尔、福柯和苏贾都有涉及，既有相同之处，但理论范畴和外延又不尽相同。为什么称为"第三空间"？这里的数字"三"实有所指。前两个空间是从传统哲学中总结而来，分别指的是空间作为容器的绝对空间和作为属性的相对空间，这两种"非此即彼"的空间认识处于形而上的处境，如何体现"既又"这一辩证思路，列斐伏尔的三元辩证法有所体现，哈维的三种空间也有异曲同工之妙，福柯的异质空间也有相同意义。他们尝试借助第三空间表达自己空间思想的核心，在这里不对相关理论作翔实解释，只对部分与心理空间相关的理论进行说明。其一，他们的总目的是一致的，均立足于时代发展这一视角，对时代政治、经济和文化现状反思和质疑，借助"第三空间"尝试作为一种后现代政治和文化理论与实践，提出边缘对中心的解构思路，整合全球文化、意识形态的冲突等多元化的话语场，激发人们以多元化方式思考空间的意义。其二，从内容来说包罗万象，不仅有物质性、社会性、权力性等，也有心理性、创造性和精神性。其三，从性质来说，空间及其内容具有一种亦此亦彼特点，又时刻处于动态变化的开放性中，是对以往论述空间的解构和重构。三者不同之处在于，列斐伏尔强调空间内容的差异性，不再是非此即彼，永远也不会，则引入第三项，强调"他者的空间"。福柯更加强调空间中的人，因为要实现空间内的平衡，人在其中起重要作用，即"他者"所具有的知识、权力和欲望等。苏贾强调空间的性质，如没有秩序，不

---

① 米歇尔·迪尔：《后现代都市状况》，李小科等译，上海教育出版社，2004，第116页。

守规矩，变化多端，引导人们以一种新的方式思考不断变化的社会背景。

齐美尔在他的空间社会学体系中更强调人们的精神生活，他认为空间不具有本体论意义，只是社会形式成立的条件，但其物理形态并不重要，通过人的心理转换后的结果才最重要，这无疑强调心理空间的重要性。他在对空间的社会意义进行分析时提到关键特征同存性（simultaneity），社会何以可能？人与人互动的结果，没有互动就没有社会，所以人与人同存，身体和行动同存，只有同存才能体现空间。其次，他颇为精细地揭示了空间的五个属性：独占性、分割性、固定性、距离性和流动性。这种分析是前所未有的，这些属性体现空间的边界性。[①]

社会空间的研究历经艰难的历程，从游离于社会背景之外到回归人间，中间经历列斐伏尔、福柯、哈维承前启后的政治、经济、社会和城市等视角的理论推动，空间研究进入人文社会科学领域为主导的语境，再到苏贾，研究者更加接近鲜活的日常生活语境，将人类生活最终置于其中，深入民间研究个体的空间现状，空间结构、社会发展和个体行动之间的辩证关系由此得以清晰呈现，空间研究逐渐从边缘、零散过渡到较完整研究范式，心理空间研究姗姗而至。为了适应社会需要，心理空间已从"背景"研究成为"对象"研究，其应该有自己的研究范式和话语体系。

第四节 心理空间的现象学渊源：现象身体和现象空间

心理空间中的心理内容可以说是外部世界的心理表征，当然表征不是一对一结构映射，可以围绕一个现象的意义表征，因此心理空间有现象学特征。19 世纪空间现象学理论发展犹如一股清风扑面而来，带着生活的气息来到个体内在世界，来到内心体验中，它吹进认知哲学的骨肉里，随之具身认知滥觞，吹进临床心理领域，正念和冥想逐渐成为认知治疗的重要方式。空间现象学的先驱胡塞尔、梅洛-庞蒂和海德格尔所讨论的内容涉及空间意识怎样产生，如何产生各种形式的空间感知，人对空间的感受不

---

① 齐美尔：《社会是如何可能的：齐美尔社会学文选》，林荣远编译，广西师范大学出版社，2002，第 293 页。

同的原因是什么。这一系列内容与心理空间息息相关。

一 主客观性是引入身体研究的起点

提到现象空间，研究者瞬间会联想到身体，无论是胡塞尔还是梅洛-庞蒂均强调身体在认知中的作用。身体为何成为关注的对象？它是主观还是客观？本研究先将视角转换到在胡塞尔之前的与身体相关的理论，尝试探索近代哲学家是如何关注身体的。

早在古希腊苏格拉底和柏拉图的哲学理论中，身体是被谴责、排斥和压抑的对象，没有话语权，身体与灵魂二元之分是不言而喻的前提，二者甚至是对立的。通常身体被感知为物质的、感性的、可见的、混杂的、暂时的、欲望的、堕落的等，而灵魂被认为是精神的、理性的、不可见的、单一的、不朽的、纯粹的、真实的、高尚的和自由的，身体是追求一切美好的最大障碍。笛卡尔的身心二元论，迈出了将身体对象化的决定性一步，彻底怀疑身体，肯定理性的灵魂，两者是完全独立的实体，身体的本质不可能是思想，而只能是广延，是一个客观自在的广延片断，是一种无限可分的对象。20世纪初进化论的观点取代了二元论后，研究者对身体的认识也纷纷效仿科学方法，其中影响较大是柏格森的生命哲学，尽管其以重视时间、贬低空间为基点，以轻视肉体而偏好心灵为特征，但借鉴实验心理学实证方法，强调大脑的作用。柏格森认为身体和大脑都是物质，大脑对外界刺激的反应产生知觉。他借助对记忆的实证研究进一步说明身体没有时间性，只有感觉，感觉以大脑为基础，最终得出一个结论即意识是时间性的，而身体是空间性的。这一结论无疑为现象身体和现象空间研究打下了坚实的基础。17～18世纪英国经验主义哲学家如贝克莱等尽管有唯心主义倾向，但他们将空间知觉与身体联系起来，从心理学视角进行研究，从视觉和触觉入手分析空间知觉，与为克服观念论所采取的身体转向策略方向一致。贝克莱在1709年著作《视觉新论》中，从生理学的角度分析了物体在视网膜中的投射被视觉捕获，因此提出视觉和触觉是感知客体的距离、体积和位置的主要途径，触觉和视觉经验共同构成知觉经验，人类对空间的知觉经验就是空间知觉。

无论是笛卡尔，还是柏格森和贝克莱，他们所提到的"身体"是一种无限可分、各部分相互作用的客观身体，身体的各部分之间以及身体与其他对象之间是机械因果关系，这种客观身体的概念无论在生理学还是心理学研究中都疑窦丛生。先从生理学角度剖析其疑惑之处，其一，贝克莱所述的视觉和触觉各负其责，完全是巴甫洛夫的"刺激—反应"传统经典条件反应，显现出客观性和对象性特点，以恒定性和确定性审视一切变化，以第三人称视角看待自己和身体经验，这种机械化的因果关系显得过于简单。其二，为了克服机械论的单一化，柏格森等转向神经生理学的角度解读，强调大脑和中枢神经是存储和加工信息和经验的场所，而且这些器官的每个部位都有组织和加工功能，他借助含糊的"内感受性"对本己身体经验进行研究，以第一人称视角进行观察和体验，对空间知觉的理解有积极意义，但"幻肢现象"如何解决，神经生理学无法给出答案。"幻肢"就是患者大脑损伤或肢体损伤后仍能体验到肢体存在，并能生动描述它的各种特征。肢体不在，但幻肢存在，即使大脑损伤后，没有截肢，幻肢仍然存在，从生理学角度无法解释。再从心理学角度剖析客观身体理念所带来的疑惑，心理学家尽量规避以第三人称视角观察身体，身体始终与主体在一起，承担感觉者和被感觉者两重功能，并且灵活切换。这样身体不会存在主体和客体之分的格局。但是简单将主观和客观混合在一起的理念只是一种预设，现实生活中人们是不可能同时两者兼顾的，如"我的脚疼"，尽管这里有"我"这一主体，"脚疼"这一客体，但是感觉脚疼时，我们的视角已立足于第三方面对"疼"的感知，完全脱离主体和客体兼顾的语境。心理学家为了进一步强调主客观同在，又加了新的元素"表象"，这就是传统心理学的"对象+表象"模型，保留客观身体基本要素；再通过第三人称将身体对象化，变成身体的"表象"，再用表象机制解释身体经验，其实这一模型已潜移默化地注入了笛卡尔的二元论思想，还是无法摆脱客观身体思想。所以无论是从生理学还是心理学出发探讨身体问题，都无法合理解释身体的空间问题，或者将两者混合起来，这些不同要素的混杂，只有差异性，没有同一性，这就需要一个新的原则来"整合"身心关系，一种新的思路"现象身体"概念出现。这一新的概念在现象学的领域，由胡塞尔提出后，梅洛-庞蒂进一步完善现象空间的理论，海德格尔基于存在论也提出自己的现象学观点，下面将一一讨论。

二 现象空间是客观空间基础

现象学研究者中胡塞尔是讨论空间问题较多的一位。胡塞尔通过还原方法论证空间有现象空间、客观空间（心理空间与物理空间）、直观空间和几何空间四种形式。① 他认为现象空间与客观空间之间就类似意向相关项与实在客体的关系，相当于空间意识与通常意义上的空间关系。他认为客观空间中的物质不存在关系，而现象空间的物质是处于相互并列、相互叠加和相互蕴含关系之中，现象空间先于客观空间，是客观空间建构的基础，可以诉诸空间现象学分析意识如何构造现象空间，并将所构造的空间理解为客观。关于直观空间和客观空间的关系，他认为直观空间是经"理想化"而获得的几何观念或理念，几何空间是通过"观念化"而获得的空间观念或本质。胡塞尔后期研究过程尤其强调自然科学的空间观念根植于生活世界的空间表象之中，他将生活世界、自然科学和与现象学哲学三种空间观加以区分，分别代表着在空间问题上的生活世界态度、自然科学态度和现象学哲学的态度。那么空间如何形成？为了解决这一疑惑，胡塞尔提到首先要超越，一种是在现象空间中发生的超越，空间构造本身是一种超越，即超越视觉和触觉的感觉材料，构造出一个现象空间，这是内在超越。另一种是客观空间的超越，即超越意识，将意识还原到意向活动之意向相关项，即外在超越。这种物质经历两种不同的超越被悬搁、排除，对象成为幻相意识呈现，但是作为意向的幻相只具有二维性，平面二维空间如何转换为立体三维空间？必须借助身体的转向才能发生。胡塞尔所理解的"转向"不仅是眼睛运动图像在领域中的旋转，而是将疏远等扩伸系统都带入动感系统中，形成三维空间。又有一个问题出现，这时所形成的三维空间只是有限和封闭的空间，无法实现无限增长，如何才能形成无限空间？必须借助身体的行走和移动才能使深度和三维躯体性获得动态感，才能获得空间的无限性。因此，通过这两种空间构造能力的超越，加之身体的运动，现象空间、现象时空现实、显现空间形态、显现时间形态形成。

---

① 钟汉川：《胡塞尔的空间构成与先验哲学的彻底性》，《哲学研究》2017 年第 3 期。

总之，胡塞尔对空间的分类推动了空间研究的分化，大多数研究者认同客观空间是几何学研究课题，研究意识对象而被构造出来的形式本质，现象空间是空间现象学的研究课题，研究构造空间的意识活动本身的形式本质。

三　现象身体是现象空间的核心

上述已提到身体与现象空间关系密切，那么两者关系究竟如何？身体如何在现象空间发生作用？梅洛-庞蒂的现象空间理论对此进行了翔实解析。他认为身体对于空间存在具有源始性的意义，"我的身体在我看来不但不是空间的一部分，而且如果我没有身体，在我看来也就没有空间"①。所以对现象空间进行探讨之时，他先解释现象身体的含义。他通过一个实验佐证现象身体的存在，让被试观看与地面成45°的镜子，刚开始被试看到镜子里的自己和房子是倾斜的，几分钟后，镜子里倾斜的像没有了，成为正立的。为什么会发生这种转变，现象身体使然。当身体接受外界情境时，不是反应固定和静止的客观世界，而是对对象的意义进行反应，与意义融为一体，承载意义，表达意义。当外界情境变化时，身体与情境之间持续互动，类似处于"提问—回答"的对话解释过程，尽管在交互对话中情境已提供明确的意义，但并未完全确定，所以身体在遵守情境现有意义的前提下，可以相对自由地选择回应，可以从第一人称视角进行内在的体验，朝向一个意向极运动，梅洛-庞蒂将这种本己经验的身体称为"现象身体"。它是自在和自为的综合，是介于"广延实体"和"思维实体"之间的第三类存在，是外在性与内在性、主动性与被动性等系列二元论区分的原始整合，聚不确定性和规范性于一体，将意向性、象征性和主动性浓缩一起，具有"自主的统一性"的知觉综合，这种知觉综合是"一种表示我的身体在世界上存在的方式"②的身体图式，因此，现象身体通过身体图式建构存在的空间性。现象身体概念的提出在空间哲学史上开启了理解空间的第三条道路。

---

①　梅洛-庞蒂：《知觉现象学》，姜志辉译，商务印书馆，2012，第140页。
②　梅洛-庞蒂：《知觉现象学》，姜志辉译，商务印书馆，2012，第138页。

在梅洛-庞蒂的现象空间理论中，他根据空间的来源将传统的空间概念分为"被空间化的空间"和"能空间化的空间"两类。"被空间化的空间"是假设空间为各种对象的共存环境，或为对象间的关系和共同属性，其中涉及实在对象及其关系，并随着经验内容一起赋予主体，他随后将其理解为"经验主义的空间"或"实在论空间"。"能空间化的空间"是假设空间为联结物体的普遍能力，这种能力或形式的空间是一种同质和各向同性的空间，主体借助这种能力赋予空间关系或形式以内容，他随后将其理解为"理智主义空间"或"观念论空间"。这种传统空间的分析框架类似康德式二元区分，其中隐含地使用了形式和质料（内容）、先验（反思）和经验（非反思）、实在和观念等分法。这种框架揭示了传统空间观面临着某种"非此即彼的选择"：空间要么来源于对象，呈现出异质性和多样性，要么来源于主体，呈现出同质性和单一性，体现了"构想空间的对象思维"这一共同预设。梅洛-庞蒂却认为无论是实在论空间还是观念论空间都属于对象化的客观空间，是客观空间的两种类型。他提出现象空间概念，借用著名的斯特拉顿实验阐释其存在，实验持续了七天。第一天，实验开始，被试戴上一副能使视网膜形象变正的特殊眼镜，整个视觉景象立刻显得颠倒和不实在，从第二天开始，正常知觉开始恢复，第七天时，被试感到身体完全处在正常位置，行动自如。当被试摘掉眼镜后，随之又出现倒立的视觉重新变正的过程，这一实验过程中出现的身体感从颠倒到正常等一系列现象，无法从传统的空间观得到解释，借此，梅洛-庞蒂提出现象空间概念。现象空间有三种典型的表现形式。其一，定向的身体空间，现象空间是以身体为基点的原始空间坐标系，这种定向能力将"位置的空间"转化为"处境的空间"，实现人为性理解世界。其二，定位的身体空间，在现象空间中，身体能将自己与客观事物之间关系投射到事物之间，标明事物之间的位置关系。其三，扩展的习惯空间，现象身体通过身体的运动扩展并延伸自己的生存空间，这时的身体不是被知觉对象的身体，而是一个能观看景象的、作为知觉主体的身体。现象身体对于世界的把握是空间的真正起源，是"空间的主体"。因此，现象空间首先是一种身体空间，当我们将身体的观点扩展到了被知觉世界的观点，身体空间就转变为现象空间，随着现象的变动而不断自我重构。

　　梅洛-庞蒂现象空间不仅通过身体的境域化实现了空间的境域化，而且开创知觉现象学的先河，揭示了现象世界的新蓝图，是一场空间研究转向，是从单一身体过渡到身体间性，但是如何从身体间性出发描述现象空间的复杂结构？如何从现象空间出发，从发生现象学研究阐明客观空间的意义构成机制？现象空间所包容的各种差异性和不确定性等，是一种终极的反思，还是一种理论的妥协？这些有待进一步研究。

四　现象空间是一种存在

　　与梅洛-庞蒂一样，海德格尔也是基于生存论现象学语境解释问题，但对空间概念的解释依据和核心不同，海德格尔用现象学的还原方法和诠释学方法，从此在的空间性问题入手。"此在本身有一种切身的'在空间之中的存在'，不过这种空间存在唯基于世界之中才有可能。人们或许会说：在一个世界之中的'在之中'是一种精神特征，而人的'空间性'是其肉体性的一种属性，它总是通过身体奠定根基，这种存在者解释无法从存在论上澄清'在…之中'。只有领会了作为此在本质结构的在世，才可能洞见此在的生存论上的空间性。"① 这段话是立足于生存论对空间概念的直观诠释，我们尝试从以下几点分析其空间观。其一，"在…之中"的常识性理解是两个在空间的存在者，其中一个相对另一个有存在关系，如一个事物在容器之中。但是，海德格尔认为这种常识性的理解是广延物被环围并共同处于一个空间界限之内，因此可以称为"在…之内"。"在…之中"意味着"居住"，意味着占有和归属。例如我在房间中，这里"我"和"房间"两个元素不是简单的空间关系，一个存在者在另一个存在者之内，而是我有一个领域，并且在那里做事，房间之于我，不再是认识的对象，并且因我栖居成为工作室，这时两元素关系带有生存论和实践意味的特征。所以上述所提到的"世界"只能是此在的世界，离开此在的存在，世界就不是世界，此在与世界一起在场。其二，要理解"在空间之中的存在"，必须理解他所提到"去远"和"定向"两个重要性质，由两种特性

建构此在的空间性。"去远"是粗略知道距离的远近，当经过一段距离并由远而近建构存在状态时，此在才能"触到"存在者。"定向"指对准某物，指向某物，向着某物。"定向"和"去远"一样，作为在世的存在状态先由建构活动引导，形成左或右等类似固定方向。总之，借"去远"活动，此在才能给存在者带来相遇，从而揭示出存在者与此在的相距状态，由于"定向"活动，此在总能让存在者以某种特定方式相遇，存在者结合这两种活动后才能确定方位。其三，模棱两可的身体与空间关系问题。海德格尔不像梅洛-庞蒂那样强调身体的核心意义，但他不否认身体在空间存在的作用。之所以他没有从身体视角来诠释理论，担心过于强调身体会陷入笛卡尔的身心二元论之中，但从他的理解之中无处不存有身体特性。如"去远"和"定向"的分析始终指涉人的身体性存在。他提到物体的边界指的是物体的表面，然而身体的边界却不是皮肤，而是存在者栖居的存在视域，并且随着栖居的变化而变化。可见存在者的显现与主体身体性存在是相互依存，不可分割的，共同构成对空间的原初经验，也为理解空间存在论理念提供了一条线索。

以上三个现象学领域所强调的空间理念，都不同程度谈到身体的核心意义，只不过海德格尔没有明确而已，当然这里的身体已不是肉体，而是现象身体，更多有原初经验的存在，三种现象学思想均借助现象身体阐述现象空间的思想。现象空间和客观空间（绝对空间和形而上的观念空间）差异如何？第一，与身体的关系。客观空间与身体的协调活动无关，与感觉经验的内容无关，形成的空间结构具有确定性，不随着情境的变化而变化，并且都是预设一个广延性的连续统一的三维或平面的几何空间。现象空间恰恰相反，它与身体协调、感觉经验的内容有关，预设一个有动力学机制的生存论空间，并以身体为核心建构位置系统。第二，主观与客观的关系。客观空间要么被封闭在心灵之内，要么完全对外在客观世界开放，这种主观与客观非此即彼的选择，无法向世界和他人开放。而现象空间通过身体意向性向世界或他人开放，它们所强调的主观与客观不是相互分离的，而是相互渗透形成原初交织。第三，先天和经验的关系。客观空间无论是形式还是质料，存在先天论与经验论之争，它们都预设两者不可同时存在，现象空间却将两者相互交融，走向一种非纯形式的先天，一种与原初知觉经验或被知觉世界相关联的先天，强调先验经验性。第四，整体与部分的关系。客观空间一种整体与部分相互外在的单向决定关系，如部分决定整体，或者整体决定部分，是一种"各部分相互外在"的空间。而现象空间是一种"各部分相互蕴含"的空间，它们的部分与整体之间不是决定与被决定关系，而是交互构造关系。总之，现象空间与客观空间本质上相去甚远。

第五节　心理空间历史发展脉络中的问题域

一　心理空间本体论、现象论和认识论再思考

心理空间的本体论问题关联于其起源、本质和分类等，是一种形而上意义上的"在场"，人类在劳动过程中创造空间，目的在于以此与他物相区分，因此距离、差距界定了人类的处境，这种处境不仅可能因为空间而分离，而且可能因各种实践同外界再度连接，这时人类建立了存在的意义，所以空间感是人类意识的开端，是人类自我能力的认可，是一种意识空间的起源。特别是笛卡尔、康德、黑格尔的理论中，心理空间或意识空间具有重要的地位。这时的意识空间具有上帝的意蕴，又好像夜晚的星光，只能在遥不可及的天空发出微弱的光芒，无法动摇生活中时间的垄断地位。心理空间的现象学部分与现象空间研究密不可分，它通过现象学给心理空间性质有一个重要的提示，即心理空间有可能也是现象空间，因为认知过程中心理旋转和心理图式等具有现象学的意味，就像胡塞尔所说，现象空间是客观空间的基础。强调身体在其中的意义，给了心理空间一个核心理念、一个生理基础，心理空间也是具身的。

心理空间认识论是围绕空间与社会关系问题展开的，这时的空间服务于社会生产，服务于时代发展，因不断生产而塑造和改变，恰恰因空间对社会经济发展所起的举足轻重的作用，其引起许多学者高度重视，这时空间从背景研究中被请出来成为特定对象加以重视。这时所强调的社会空间大致有三种含义。第一种含义是空间是发源地，是社会存在和发展的先决条件。第二种含义是创立了所谓"第二自然"，都市环境与城市组织在社

会生产中形成并相互交织。第三种含义是空间是世界建构的过程，全球持续不断地区域化以及重新区域化，导致空间不断改变。在认识论意义上，心理空间只是一种社会空间的副产品，与其他类型空间加以区别，但其将心理空间的研究从上帝引向人，引入个体内在，因此有转折意义。列斐伏尔和苏贾均在反驳空间客观性和物质性的基础上提出心理空间是"构想的"空间思想，他们含蓄假设空间知识的生产是通过心理空间活动来实现。但是其最终被视为社会生产和再生产，被统合到空间的社会建构当中，服务于社会生活。如果心理空间是一种构想空间，可以说是全然观念性的，并将这些观念投射到经验世界中去。在认识论中，研究者尝试探讨物质空间、社会空间和心理空间三者的辩证关系，但仍小心翼翼，担心心理空间有可能掩饰社会生活的真相，担心其会对其他两种空间有依赖关系，因此，强调研究心理空间时要联系其物质空间的基础。

二　空间类概念的分类问题

许多哲学家针对空间分类问题进行探讨，如康德的先验空间和经验空间，对空间分类较全面的是列斐伏尔，他在《空间的生产》一书中将空间分为"绝对空间、抽象空间、共享空间、资本主义空间、具体空间、矛盾空间、文化空间、差别空间、主导空间、戏剧化空间、认识论空间、家族空间、工具空间、休闲空间、生活空间、男性空间、精神空间、自然空间、中性空间、有机空间、创造性空间、物质空间、多重空间、政治空间、纯粹空间、现实空间、压抑空间、感觉空间、社会空间、社会主义空间、社会化空间、国家空间、透明空间、真实空间以及女性空间"①，其中包含对心理空间的深刻理解。有研究者依据对人的认识和对知识的理解对空间进行分类，如梅洛-庞蒂将空间分为身体空间、客观空间和知觉空间，他认为知觉空间是真实的，是其他两种空间的统一。卡西尔将空间分为有机体空间、知觉空间、神话空间和抽象空间四种，他认为知觉空间不会体现人真实的空间，恰恰符号空间体现人的本质，符号空间包括神话空间和抽象空间，神话空间体现神话世界色彩，而这里所说的抽象空间又与梅洛-

---

① 包亚明主编《现代性与空间的生产》，上海教育出版社，2003，第83页。

庞蒂的客观空间意义相同，即对象化一种知识结构。

国内学者冯雷将空间分为生物空间、社会空间、文化空间。[1] 他提到生物空间是个体作为一个生物人以身体为核心形成的空间关系，如前后、左右等，"人具有抽象的方向、位置意识。人对熟悉的、确定的、明亮的空间抱有亲切的感情，相反，对陌生的、变幻的、暗昧的环境怀有恐惧。这些都是人类作为高等动物所具有的空间能力"[2]，社会空间意义与列斐伏尔相同，他认为文化空间是一种符号空间，是建立在人类语言、表象等观念基础上的空间形式，以情感为核心渗透在社会空间中，它又包括象征空间和抽象空间两种。文化空间或者符号空间只有人类才有，而且因视觉产生的符号作用优先于其他感觉，所以视觉产生的符号空间比例最大，除此之外，人的身体也参与符号空间的形成，即人的行为内化为符号，如意象空间等就是由行为的符号化产生，心理学的认知图式也是这样产生的，皮亚杰所说的"前运算时期"的认识结构便处于这种状态。所以"没有所见对象的看"也能产生"看见"的象征空间，这里的空间与卡西尔的神话空间相似，具有直观性和具象性，在结构上有相似性。抽象空间完全是符号之间的一种关系，是一种脱离具体事物的形象，是经过抽象思维所形成的结果。在这层意义上，抽象空间可以引申出概念空间、语义空间等一系列空间概念，这也是心理空间重要的一部分。

三　空间与时间关系问题

关于空间与时间的关系有两个争论焦点，一个是哪个在先，另一个是哪个更重要。在传统的观念中，时间总是被认为是丰富、多产、生动和辩证的，而空间总被描述为死气沉沉、刻板僵化、非辩证和静态的。也许人们太容易反思历史，希望在由时间堆积的历史长河中汲取当下所需的经验，没有时代感的空间被忽略，用多琳·马西的话来说，空间被概念化为"一种事后想起的东西，一种时间的剩余物"[3]。但是近代哲学家的思想发

---

①　冯雷：《理解空间：20 世纪空间观念的激变》，中央编译出版社，2017，第 1 页。
②　冯雷：《理解空间：20 世纪空间观念的激变》，中央编译出版社，2017，第 131 页。
③　多琳·马西：《保卫空间》，王爱松译，江苏教育出版社，2013，第 25 页。

生转变，他们认为现代空间是动态和不确定的空间，不仅涉及语言、死亡，也涉及生存，甚至充满了一种微观政治隐喻色彩。确是如此，打着时间烙印的事件已被大量的尘埃遮盖，失去原有的生机和活力，相反，空间是鲜活的、生动的，它代表着当下血肉之躯。近代西方哲学重视时间而忽视空间，但随着西方资本主义萌芽，19世纪中叶马克思提出了"空间生产"相关理论，明确提出了空间或空间规划在资本生产过程中起到越来越重要的作用。列斐伏尔继承了马克思主义的空间思想，要求恢复空间相对于时间的平等甚至是崇高的地位。列斐伏尔和福柯对于空间的论述有相同点，两者在论述问题的角度有明显差异。列斐伏尔立足于政治学分析空间，强调空间与社会历史的联系，所以在经济学和社会学方面论述较多，而福柯则侧重于空间与身体、空间与权力、空间与知识的关系，关注空间的组织和分配。列斐伏尔要求突破历史主义，颠覆时间相对于空间的优先地位，反对对于空间的贬斥和对于时间的高扬，强调建议恢复空间的地位，重新平衡历史性—社会性—空间性的三元辩证关系。

　　关于时间和空间先后问题，不同专家有不同的解释。胡塞尔在时间意识分析中强调客观时间存在，并且它是意识本身固有先天和综合的形式，而空间经验首先依赖于视觉和触觉，因此，时间意识原则上要先于空间意识。李宇明立足于语言学视角在《空间在世界认知中的地位——语言与认知关系的考察》一文中提到，在已知的世界语言中，时间大多是借助空间的语言表达形式，例如英语中的空间介词 at、on、in 也是最常用的时间介词。汉语的时间也多采用空间隐喻，如上、下、前、后、里、中、内、外、远、近、长、短、来、去等的使用，语言的这种普遍现象说明时间是空间的隐喻。他进一步论证时段是容器，时间距离是空间距离的隐喻。因此提出空间是把握社会、认识社会的重要基础，也是表达各种认知成果的基础。空间范畴和空间关系在人类的文化心理中，是一种十分活跃的图式，是探讨人类认知奥秘的锁钥。关于时间与空间关系的研究多数集中在先后问题和包容问题。大多数学者认为空间的外延比时间大，笔者认同这一点。

　　关于空间与时间的关系问题，研究者各抒己见，用黑格尔的一句话来总结：运动是过程，是由时间进入空间和空间进入时间的过渡，两者相辅相成，密不可分。①

四　国内城市与空间哲学问题

近几年国内随着城市化推进，城市与空间问题也成为哲学领域研究的焦点。2011 年 6 月 11 日在苏州大学召开了第二届"空间理论与城市问题"大会，主要目的是揭示空间和空间生产的本质和规律，从而解决城市问题。会上，复旦大学的王金林教授强调空间之所以成为问题凸显出来，有两方面原因值得关注。其一，在经济迅速发展的时代，对空间问题的研究能够揭示出社会实践的物质性，服务于社会发展。其二，身体在生活中的核心性认识日益增强。任平教授将空间概念进行区分：一个是外在于人或者叫异化的环境结构即空间；另一个是和空间对应并对空间扬弃即场所。然而两者是矛盾的，场所即主体在场，是依赖主体价值的环境结构，具有空间的社会意义，这种空间社会关系维度的扩展是以人为核心建构，这种建构具有价值维度，场所和空间的对峙构成了空间问题研究的双重思维——一方面是有异质性的空间，另一方面是价值追求的场所，两者之间碰撞的最后结果就是场域，场域是空间和场所两者辩证张力的合力，可以将"场域"作为空间和空间生产理论研究出发点。

苏州大学段进军教授认为，西方关于空间与社会关系理论大致可以分成三个阶段：第一个阶段，空间是社会的投影，又称"被动的空间"；第二个阶段，空间和社会是一种相互作用的辩证关系，又称为"能动的空间"；第三个阶段，空间作为反抗和解放的手段，又称为"行动的空间"。资本主义的空间观割裂了理性主义和人文主义，忽视了空间和社会之间的关联性。王金林教授尝试把理解空间问题的构架概括为四个字：活、思、在、想。"活"指生活世界，这个生活世界不可能被理论穷尽，永远有巨大的可能性。"思"是指纯思，是一个民族的思维习惯，是一个民族的集体无意识。"在"指社会存在。"想"是思想观念。用这样一个框架从本体论、存在论的视域讨论空间生产问题。可见，国内学者已意识到空间影响城市化发展，影响社会、政治和经济等各方面问题。正如汪民安所说的，

---

① 黑格尔：《自然哲学》，梁志学等译，商务印书馆，1980，第 60 页。

现代城市，其空间形式不是让人确立家园感，而是不断地毁掉家园感，不是让人的身体和空间发生体验性关系，而是让人的身体和空间发生错置关系。这就是大规模理性规划所带来的空间隔膜。这就是大城市的特征，人们被漫漫人流所包围，却备感孤独。可见，关注空间问题刻不容缓。

空间从哲学空间，经历社会空间转向心理空间，这与现代化进程息息相关。由于社会经济结构的变化，传统的社会结构解体，社会矛盾突出，这时社会空间的研究将有助于社会秩序的稳定，有助于研究经济体制的本质，从而促进经济的发展。当经济发展和社会秩序趋于稳定，研究者的注意力会转向人自身，从社会空间到心理空间的转向。上述空间哲学理论思考，虽然是立足于经济发展对空间的思考，但是"人对身体在生活中核心地位认识"这一空间性思考也是本研究初衷，对空间的本质认识不能局限于环境结构，应该延展到以人为中心的意义空间，延展到人的内心深处。

五　心理空间研究的难点分析

从常识出发，在心理层面融入"空间"元素是件极其寻常的事情，人们通常以描述真实空间中的物理行为作类比，从而描述心理空间的心理行为，如"心胸开阔""意志薄弱""城府很深"等有心理空间的隐喻，在心理学、哲学和语言学等中可以找到与"心理空间"相关的元素，如心理旋转、心灵空间、知觉空间、记忆空间、心理场、概念空间、语义空间、意识空间等。然而令人困惑的是，长期以来心理空间研究相对非常少。之所以心理空间在研究中被遗忘和疏落，一方面与传统"时间优于空间"的观点有着不可割裂的关系；另一方面人们最常见的做法是将其想象成一个包罗万象"心理容器"，其中所容纳的各种心理内容才是最主要的，心理空间常常只是被视为背景。然而，心理空间并非可有可无，它有意义系统、结构和功能，本书尝试探讨其存在的价值。

许多空间概念以客观环境为依托，进行外延和内涵研究，如经济空间、文化空间，或者借助于社会环境，从客观出发引入主观或隐性空间，如德育空间，看似是一个隐喻的概念，但它可以从校园环境这一有形的空间入手。而心理空间不同，它是"心理"意识形态的概念，没有客观标准，这也给"心理空间"概念研究增加了难度。

　　再就是心理空间一词近似日常用语，使用非常普遍和随意，相近概念很多，造成了其概念的多义性和模糊性，许多学科研究并未翔实界定概念，又给研究加大了难度。如"心灵空间"这一概念多见于文学界或心理健康领域，一般是对个体内在世界或精神领域的统称，多体现内在世界全面性和无意识性。又如文学界通过作品解读人物的心灵空间，或者拓展作者的心灵空间等。在心理健康领域，为了使个体更健康，研究者经常倡导个体走入自己的心灵空间。

第二章　心理空间的存在性论证

第一节　心理空间的概念解析

一　心理空间的内涵

心理空间究竟是什么？如上所述，这一概念常常渗透在日常生活之中。如果空间意指承载外部事物的容器，相应心理空间也应该是个体内部空间，承载知识、能力、情绪等内在元素的容器。心理空间似乎是个体生存的背景，没有独特属性；似乎永远是静态的和被动的，无须作为对象也不应该进行专门研究，就像空间概念一样，被工具化，被忽视。所以时至今日，很少有人顾及它的存在，讨论它的性质，因为大家似乎都明白它是什么，只要用就可以了。即使有相关研究，其着墨点也在于心理内容。但是，在网络化更加普及的今天，个体个性化成长的呼声日益高涨，时代特点是如何影响个体内在心理和精神的？心理空间状态如何？这种心理现状又是如何影响个体成长和发展的？围绕个体内在的心理和精神发展的研究主题已顺应历史潮流郑重走向研究的舞台。结合心理空间的历史发展脉络中各研究者的零星思路，本研究尝试建构心理空间的概念体系。

心理空间可以有三种英文表达形式——mind space、psychological space和 mental space，哪个更符合本研究的意蕴？首先看 mind，意为"大脑""思考能力""智慧""心思""记忆""意向""意志"等，经常是名词，指代认知过程的具体部分。psychological 意为"心理的""精神上的""心理学的"和"关于心理学的"，可以说更加泛指，或者侧重于学科意义，属于心理学领域，心理学学科范畴，用来区分社会、生理和教育等学科。mental 意为"内在的""精神的""心理的""智力的"，既指代认知过程的具体部分，也可以区分内外，正契合本研究所指。本研究采用 mental space 有三个目的。第一，强调个体内在世界，尽管内在世界与外在世界密不可分，外在世界如何表征于内在，是本研究的核心。第二，研究心理空间的目的不是探索物质的广延性空间在头脑和心理的映射，而是在一个隐喻的意义上研究心理活动似空间特性，似空间不只是一个空的"域"，它有具体指向，既指向精神层面和心理层面，又指向生理层面和社会层面，既是一个包罗万象的容器，又是动态变化过程，既有具体的语境，又有详细心理活动过程，正如 mental 的指向一样，既有内在意义，又有精神、智力等具体所指，比 mind 和 psychological 的外延更宽。第三，由于内在世界不断建构，所以心理空间不断变化，一个大空间可以划分不同小空间，小空间又可以再次细分，总之，空间的种类、性质处于动态变化中。

心理空间从来都不是"空"的，与身体密切相关，这里的身体不仅是肉身，也是体验性身体。婴儿最早的体验处于未分化状态，没有基本的内外空间之分，随后通过皮肤感知世界，逐渐体验到不对称性，渐渐以皮肤为边界区分内外。随着神经机制的发育，个体则以大脑为核心加工内外刺激，从而奠定内在世界的生理基础，所以心理空间是以生理机制为基础，又因为身体是有经验的结构并存储记忆，所以心理空间有具身认知特点。心理空间又与语言密切相连，个体随着语言体系的建构进一步发展与完善，逐渐以之为桥梁建构自己内在世界，语言的复杂性促使心理空间不断更新，不断丰富和精致，其认知加工从感知形象走向语义抽象化。易言之，心理空间不仅是认知过程的手段、预设和参与者，更是认知结果，具有本体论和认识论意义。本研究将心理空间界定为以自我为核心的包括感知空间、情境空间和语义空间的三维认知语境，是身体接收内外刺激后所体验的内在关系表征。

第一，心理空间是以自我为核心的认知语境，是第一人称。心理空间任何元素，都是自我对其感知和体验的结果，所以心理空间是自我的心理空间。与心理空间一样，自我也包括身体、社会、语言和生态等多种维度，不同的是它有两个功能角色——主我与客我，依据这两种功能角色解释自我与心理空间的关系。主我就是当下的自我，不仅感知到心理空间，而且具有管理、协调等能力，主动协调心理空间，最终达到其内部一致性和内外一致性。每个个体自我不同，其主体性和协调性不同，心理空间相异，心理空间因此有了个体化和独特性。自我中的客我部分是主我的知觉对象，能被觉知和体验的部分，是主我的意向性和主体性作用，承载自我的生理、心理、社会和生态等种种维度和内容，而这些内容来自心理空间。主我不断对心理空间进行感知、体验和协调，将加工后的心理空间纳入客我进行反思。所以心理空间散乱、纷繁复杂的各种元素因自我感知、想象、体验等功能而成为有特定语境的体系，体现心理空间的关系性和整体性特点，有组织、整合等能力的自我因心理空间而具有了内容和资源。

第二，从内容和结构来理解心理空间，它包括身体、心理、社会三个层面。如果将其隐喻为一个球体模型，从球心开始有一系列同心球，由里向外依次为身体、心理、社会。身体是形成心理空间根源，皮肤和大脑是心理空间的生理基础，没有身体心理空间成为无本之木。心理层面包括个体认知、情感、意志和人格等心理现象，社会层面包括内化了人际互动、文化、规则、道德等社会因素。这些内容中包括主体性和客体性、抽象与具体、相同和差异、精神和肉体、意识和无意识、学科与跨学科等，并且处于不间断对话和协调中。心理空间又是以认知语境为肌理，不断建构和解构，从认知语境视角它具有感知空间、情境空间和语义空间三重维度。感知空间是外在事物经过种种感官后产生的结构映射。情境空间是以情感为线索的一个个事件情景，经过记忆加工后以画面形式体现出来，通常所说的想象空间也在其中，它对事件的感觉细节、清晰度和真实体验度等比感知空间小。语义空间是以语言符号为基本元素，按照一定的逻辑关系形成的概念或符号空间，基于网络、范畴、图式、脚本或一般知识而组织的系统体系。感知空间、情境空间和语义空间三者分别是认知过程的感知、记忆和思维过程，感觉细节、清晰度和与客观相似度越来越低，概括性越来越强，抽象度越来越高。三者的关系是语义空间提供概念支架，感知空间提供原材料，情境空间借助于原材料和概念支架演绎一件件生动而曲折的情景事件。我们可以借助意识流小说的空间叙事来了解心理空间的内容和结构。意识流小说在叙事中不受时间线索影响，通过意识流的手段，将时间和事件置于人的内心活动之中，使时间的过去、现在和未来置于同一层面，从而达到时间的空间化效果。这时借助叙事手段，叙述者把不同时间段的场景"并置"在一起，"纲要式"地综合在一起，于是呈现给听者的不再是序列性的流动，而是共存性的存在，这里起到纲领作用的是叙述者想表述的目的和意义。心理空间的结构和内容也正是如此，其中自我就是叙述者，起到组织、协调和并置等作用，"并置"以语境为脉络的当下情境，"并置"的动力来自自我内在需要。

第三，心理空间是一个关系空间，它不是外在世界于内在世界的全等排列，而是以一定关系联结的内在表征。这里所强调的关系不仅是外界事物联系的内在表征，也是个体认知过程、情感状态和意志倾向一致性关系体现；不仅是人与事关系，而且有人与人之间关系；不仅有人与人关系，也有自我之间关系；不仅有过去、现在和未来历时性关系，也有当下共时性关系；不仅有平面一维和二维关系，也有立体和多维拓扑关系；等等。它可以超越外部世界在场的事物，借助符号意义从无数个相互关联的关系中提取出来，同时又可以跨越各种关系被重建，导致心理空间不断解构和建构，出现折叠、交叉、混界等特点，造成空间的无数维变换，内含时间断面出现可逆特征，过去、现在和未来可以序列倒置或随意截取。因是关系空间，所以具有互动性和超链接性等特点，也正是因关系空间，所以有区别性和边界性，依靠边界界定和区分关系，保障每种关系的有序性，同时依靠边界区分自身和他人，区分内在与外在。心理空间关系性和边界性恰恰体现连续性和离散性表征的结合，体现稳定性和动态性的结合，因此，具有拓扑空间特性。当理解了心理空间后，自我认识和人际互动才能更加清晰，无论在教育领域还是心理学领域无疑有非常重要的现实意义。

第四，心理空间是先验与经验的结合。在无穷广阔的空间里，人类之所以理解宇宙内复杂的事物，理解这些美妙的内在关系，与宇宙本身是空间密切相关。大脑的复杂程度堪比宇宙本身，可以把宇宙向无限广阔和细微之处加以准确理解，那么又是什么在人类的大脑里绘出这样一幅幅空间特性的"画卷"，许多信息不假思索被打上空间的烙印？柏拉图在《理想国》一书提到知识和真理早就存在于每个人的灵魂中，人类只不过是尽努力发现了它们的存在而已。在这种思路的影响下，无论是古代还是现代，部分研究者明确假设心理空间先天存在，并进行先验性论证，如皮亚杰认为认知图式存在是不言自明的，就像量子研究提示知识天然存在一样，心理空间不需要大脑加工，也像真理一样早已存在，只是研究者努力触摸到它们而已。它可能存在于记忆当中，如同宇宙，没有拿望远镜观测到遥远星空，难道它就不存在吗？其实它一直存在，只是被忽视而已。这里可以借用量子纠缠理论来论证，宇宙中普遍存在的"物质—意识"体系中。个体的意识同宇宙本身的物质产生密不可分的"量子纠缠"关系，形成彼此连通的状态，所以每个人固然具有心理空间，就像平行线永不相交或者"1+1＝2"一样确信无疑。但是，如果心理空间只是先验，就会成为空中楼阁，其实心理空间更是社会生活的经验事实，需要外界资源补充信息和能量，需要认识论基础，更需要社会化过程。心理空间中有来自感官的直接经验，也有来自大脑深层加工所涉及的假设、推理和意义产生等间接经验，这些经验在身体、大脑和环境相互作用后生成关系网络。所以心理空间基于一个综合性理论模式体现它的现实性，更强调它在行动和环境的作用，是一个功能空间。

二 心理空间与精神空间、意识空间和认知空间词义辨析

在意识形态领域中，心理空间、精神空间、意识空间和认知空间是主体多层次和多形态的认识形式，四者在内容、语境和表现形式方面有不同空间结构，心理空间的外延最大，将精神空间、意识空间和认知空间囊括其中（见图 2-1），意识空间、认知空间和精神空间相辅相成，相互交融，并行不悖。

上述四种空间关系中，精神空间整体社会化程度最高，主要包括道德情操、价值观、人生观和世界观，也可称为德育空间，是被社会群体认可的概念空间。精神空间也包括知、情和意三种基本心理现象，但是这三种基本现象有其独特意义。首先说"知"，在精神空间层面的知不是初级感知认知过程，而是高级思维结果，可以说是理智。理智的基础是静定，[①]也就是沉静，只有沉静才能辨认本能欲望与客观需要的区别，才能将自身

① 詹世友：《论精神空间》，《人文杂志》2002 年第 3 期。

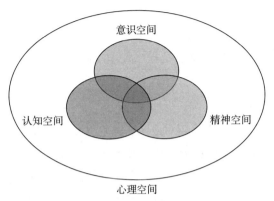

图 2-1　四种空间概念关系

从低级的认知和欲望中抽离出来，对事物进行客观和深入思考，从而进行合乎逻辑的推论，辨认美丑，形成真知灼见。理智的主要目的是反思和规范自己，依据社会的规范对"情欲冲动采取一种撤身的立场，来思考行为的理由"[①]，从而延迟欲望的满足，不断接受伦理和道德理念，规范行为，并证实自己行为的合理性。其次说"情"，这里的情感不是个人立场的欲求、狭隘和封闭的情感，也不是盲目冲动的情感，而是一种他人立场的道德情感，是建立在理性之上的情感，也称为情理，这种情感是突破自我中心，将心比心，以情絜情。这种情感的主要目的是增强对事物的趋向性，增强自身的热情，扩大理性的范围，对任何事物都有美的感觉。接着说"意"，也是意志力，意味着克制，不断克制自我与本能和欲望，并与之保持距离。意志的主要目的是减少私欲，较高的目标是培养价值观和人生意义感。精神空间的这三个内容相互促进，个体往往在情感和意志的推动下，增强理智的作用，情感经常与理智相互融合，在意志力推动下，个体有了判断外界的标准，从而情感合度，行为得体。尽管精神空间是在社会、历史和文化背景下以社会化为核心，营造与外界互动的理想精神家园，体现社会导向性和超前性，但也有其主观性特征，也反映个体的主观能动性。总之，精神空间侧重空间内容，具体包括思想、观点和主张等，注重主体之间一种互动的关系状态，它的建构目的是培养与塑造个体的文

---

① 詹世友：《论精神空间》，《人文杂志》2002 年第 3 期。

化功能和价值功能，提高个体的德育素养，心理空间侧重空间形式，注重主体的一种心理状态，具体包括感知、思维、想象、记忆等。

　　法国学者列斐伏尔在19世纪提出意识空间这一概念，认为意识空间包含实践连贯性、逻辑一致性、自我调节性，以及在整体中的部分联系性，也包括视觉触及的物质空间，是一种被感知的存在。意识空间确实存在吗？20世纪末认知科学研究相对成熟，人们开始转向对意识这一神秘事物的探索，因意识状态是相对主体而言不可观察，被称为"难问题"，人们各抒己见，意识空间概念涌现。许多意识理论模型通过意识的神经相关性探讨产生机制时，都先有意无意假设意识空间存在，即产生意识状态的特定大脑工作区域为意识空间。笛卡尔剧场理论中的"剧场"就类比意识空间，该理论假设松果体位于意识空间的核心位置或舞台，所有的信息汇聚于此进行加工，自我作为仅有的一名观众边观察边体验，在不同时刻，结合意识空间一起形成体验输出。全局工作空间理论和全局神经工作空间理论中提到的工作空间就是意识空间，前者的理论假设信息如果无法经过专门加工处理器加工时，则由语境选择进入大脑工作空间汇集加工，如果加工结束，有限的全局工作空间被解放出来解决其他问题。这时的工作空间不只是专门化信息交流场所，而是产生意识的场所，即意识空间。全局神经工作空间理论中的专门加工处理器是神经回路，当位于工作空间的神经元进行加工时，会导致该神经元的子集激活，加快加工速度。意识场概念与意识空间有异曲同工之妙，都强调是意识的场地，如塞尔意识场不只是强调意识状态存在一种质的感受，更是强调意识整体性、统一性。"我不只是具有一堆混杂的经验，而是在任何时刻，我所有的经验都是作为独立统一的意识场的一部分被体验到，而且在整个时间中意识场的连续性被意识场的所有者体验为他或他自己意识的连续。"① 尽管进入睡眠状态是一种意识场，醒来后又是一种意识场，而且通过脑神经技术已证实两者的神经机制不同，醒来的意识场是对入睡状态意识场的修正，但两者都是统一意识场的一部分。例如，听到声音和看到形态并不完全独立，都是意识场整体体验后的独立部分。塞尔不赞同场力的作用，他只是想诉诸场的意义解

---

① J. Searle, *Mind: A Brief Introduction* (New York：Oxford University Press, 2004), p. 214.

释意识整体性。那么意识统一的动力何在？要达到统一状态，需要预设决策和权衡理由的执行者，"自我"此时闪亮登场，执行体验等功能，当接收大量信息时，自我在意识场中起到组织和整理信息作用，因此，意识是第一人称，这里的意识场类似于意义空间。

上述借助各种神经机制解释意识空间产生及意义，其实，意识空间就是意识的功能空间。为了更好解释这点，先探讨意识的本性。意识的本性是什么？是觉知。用一个公式表达意识的本性和结构："我"—觉知—(X)。[1] 各种感官产生不同体验类型，如看、听、闻、尝、触和想，每次体验总有一直存在的共性"东西"使它们得以呈现，使它们被照亮，这就是觉知，所以觉知更像是体验的场地，在此产生意识，人们习惯用"光亮空间"隐喻意识空间。杰恩斯借助隐喻探讨心灵观念的语言学基础时，进一步分析隐喻中被喻和喻媒两要素，发现喻媒引发超媒这一联想物，联想物相关的语境常常是意识空间，[2] 如通常我们会说"我明白了"和"生活幸福美满"等，"明白"和"幸福美满"是喻媒，它们表达了一个难以清晰言传的被喻（心理事件和心理状态），喻媒常常会引发一系列空间性的超媒联想物，如所明白事件的视觉表象，或者感觉很美很惬意的视觉心理状态，经过多次语言重复出现，具有意识空间性，这就是隐喻创造出新意义的缘由，杰恩斯将意识的功能空间称为意识的第一重要特征，自我经常在意识空间中"来回走动"，所以在他的理论中，意识就是意识空间。

意识空间与心理空间两者都是属于第一人称视角的"自我"，所包括的心智过程和行为结果为主体独有。自我的作用不像笛卡尔剧场中观察者的角色，而是参与者和体验者，自我对外部世界、内部世界、内在情感和思想等进行体验后形成意识空间。两者有三个区别。第一，对觉知理解不同。意识空间的觉知是独立于主体的体验内容的现象，强调体验过程，可以对体验再次体验，在这个过程中生命主体具有自我感，并使主体的经历成为体验，进一步具有意识现象。心理空间的觉知是思想、情感、记忆等体验，强调体验结果。如果从心理空间视角看两者的联系，则意识空间是

---

① 李恒威：《意识：从自我到自我感》，浙江大学出版社，2011，第6页。
② 高新民、储昭华主编《心灵哲学》，商务印书馆，2002，第457~476页。

心理空间中"被照亮"的部分，是被觉知的部分。两者都赞同没有觉知就没有"自我"，觉知有"仁者见仁，智者见智"的特性。第二，意识空间处于心理空间中高级语义认知加工阶段，意识空间的自觉知也是高级加工部分，当自我处于一阶体验时，还能将一阶体验当作进一步思考的对象，进入二阶体验，再认自己的思想和行为。埃德尔曼（G. Edelman）强调这是不涉及感觉器官或接收器的直接觉知，是一种对心智过程的非推论和直接的觉知，是只有人类才具有的。① 第三，意识空间更强调整体格式塔的呈现和转换。感性认知是理性意识形成的基础，但在形成意识之前，必须依据理论形成一个整体思路方能形成意识，即使最简单的视知觉，也需借助先验格式塔图式形成完整理论。意识空间不断转换时也是以整体形式，各种语言符号和意识片断无法以非整合状态进入意识空间，但心理空间可以接收部分或片断信息，也存储初级感知的片断记忆，等待大脑进一步加工和整合，所以心理空间容错性更强。

关于认知空间，通常研究者将其界定为是思想和记忆等二维、三维或更高维度空间分类方式，巴尔斯将其理解为思维的工作空间，有的研究者将社会和文化因素纳入其中。笔者认同朱晓军在认知语义学的基础上提出的物理空间、语言空间和认知空间。认知空间是人们抽象出来的，它看不见，摸不着，是连接语言形式与客观世界的中介，所以是物理空间和语言空间之间的桥梁。要理解认知空间则需要借助语言空间和物理空间。物理空间是客观世界中的空间形式，它是客观存在的，不以人的意志为转移。认知空间是人们对物理空间进行感知的结果。语言空间是人们利用某种特定的语言结构表达出来的认知空间，即空间的语言描写是以前认知（物理空间的内在化）为基础的。这种建立在认知语言学中的空间三分法，目的在于借助于语言空间进一步说明认知空间，这时的认知空间概念及内容无疑过于狭隘。从以上所述可以看出，心理空间的外延较认知空间大，涉及内容多，不仅有意识领域，还包括无意识领域，其中第一人称性是认知空间不能比拟的。此外，认知空间强调认知内容和过程，而心理空间强调内容和过程形成的动态关系特征。

---

① 李恒威：《意识、觉知与反思》，《哲学研究》2011 年第 4 期。

三　心理空间与虚拟空间、赛博空间词义辨析

心理空间之所以与虚拟空间相提并论，是因为两者都有"虚"的特点，是虚拟的空间，与通常物质形式的客观存在空间形成对比，心理空间是客观事物经过大脑加工后形成意象和意境的"虚拟"空间，因此从广义来说，心理空间也是一种虚拟空间。美国学者韦斯（Dennis M. Weiss）把与自然科学空间相对的符号空间、抽象空间和概念空间等都认为是存在空间再生，统称为"虚拟空间"（virtual space）。从再生角度，英国学者卡尔·皮尔逊（K. Pearson）所区分的知觉空间和概念空间，还有卡西尔（E. Cassirer）用"符号空间"所表述的行动空间、知觉空间和抽象空间，都是虚拟空间，这种虚拟空间和现实空间之分的思路是受柏拉图真假之分的影响。《牛津英汉百科大辞典》对"virtual"的解释为"借助计算机模拟事物"，即虚拟空间是借助灵境技术电脑网络信息传输体系产生的科技网络空间。这里借用虚拟空间的这种狭义解释，将心理空间从虚拟空间中抽离出来讨论，并且进一步区分心理空间与虚拟空间的关系。首先，两者产生机制不同。心理空间是人脑的产物，虚拟空间是计算机技术、网络连接技术和应用软件技术等相结合的信息技术的产物，如赛博空间（cyber space）就是一种典型的虚拟空间，通过计算机以及计算机网络虚拟现实，它的虚拟实在性尤为突出。虽然是虚拟空间，但可以通过仿真扩张客观空间的视野，使人不仅产生身临其境之感，而且感到随心所欲，可以打破现实各种约束，尽情展现自我，实现了人的自由存在感。因受人的技术影响，所以其自由具有相对性。心理空间也有独特和创造性的智慧，但其受大脑生理和心理结构等影响，并且立足社会化语境下的自由，受社会约束，以服务于高质量生命活动为目的。其次，两者的速度意义不同。在虚拟网络空间里，信息运动的速率非常快，有相对固定的轨迹，空间物理距离失去意义。但速度在心理空间内完全失去意义，速度无限快，可以说没有速度，没有任何限制，没有运动轨迹，这是思维的本质特点。最后，两者中的自我状态不同。当自我在现实中体会到无助、不满，或者找不到生命意义而彷徨和忧郁时，自我常常借助虚拟空间，满足自身的愿望，甚至超越自我追求，因此，虚拟空间中虚拟自我出现，它可以是自我直接通过

角色虚拟转化后形成，可以借助虚拟空间中虚拟主体和虚拟客体来体现，也可以借助特定 ID 身份，显现虚拟自我的角色，满足自我预定的心理需求。总之，虚拟自我是脱离生理和社会基础的纯粹精神性体现，是自我不可分割的组成部分，经常和自我统一于人格整体中。如果虚拟自我过度张扬，自我与虚拟自我之间的现实性和虚拟性平衡打破，迷失自我或自我失真，个体的思想和行为则越来越脱离现实。

可以说虚拟空间是承载信息流的空间，是心理空间的延伸，服务于心理空间的子集，但其毕竟离不开人工技能，所以受心理空间的影响。心理空间是能量流，表征人类的本质，是网络虚拟空间产生的源泉和根本。

四　心理空间与心理场、场域词义辨析

因为空间与场密切相关，所以探讨心理空间时就会联想到心理场。心理场以物理场为基础。爱因斯坦提出相对论时强调物理场的意义，他认为场是"引力场和度规只是同一物理场所呈现的不同形式"[1]，他进一步强调场的本质就是空间，不存在没有场的空间。随后在 19 世纪末 20 世纪初，物理学界抛弃机械论思想，承认并接受磁力场这一全新的结构，这种思潮引发许多学科领域研究者的思考，如格式塔心理学家尝试用场论解释心理现象。考夫卡在《格式塔心理学原理》中提出了一系列新名词——"行为场"、"环境场"和"心理物理场"，心理物理场包括自我和环境两大部分，自我部分包括需要、意向、意志、决心和态度等，环境包括地理环境和行为环境两种，地理环境是现实存在环境，行为环境是个体心目中或臆想中的环境。他认为对个体行为起决定和调节作用的是行为环境而不是地理环境，并用生动的例子阐释。"某冬夜，大雪纷飞，寒风凛冽，平原一片尽被冰雪所蔽，径途莫辨。一人飞骑而过，幸抵一旅社，得避风雪之所。店主人出户相迎，惊问道：'君自何处而来？'此人直指向来处。店主人惊愕万状，告曰：'君岂不知已飞骑渡过康斯坦湖耶'，客闻言惊恐乃毙。"[2] 可见，行为环境对个体影响之大。其实，这里的行为环境就是心理

---

① 《爱因斯坦文集》（第 1 卷），许良英编译，商务印书馆，1976，第 186 页。
② 考夫卡：《格式塔心理学原理》，黎炜译，商务印书馆，1936，第 26 页。

场。心理学家郑希付提出"心理场"概念，他强调心理场和自然界的场一样是三维立体结构，具备有机化合性、变化性、辐射性和惯性等自然界场的所有特征，但是以人的心理为中心而组合成的特定场，因自然界场变化而变化。此外，社会学家布迪厄提到"场域"概念，特别指向社会空间中各个行动者的相互关系网络。广义来说，这里所说的场域和社会空间指称相似。

　　总之，无论是心理场还是场域，从性质来说都以物理或自然界为基础，可以说只是借用场的形式尝试探讨心理活动，因此深深打上客观环境的烙印。从内容来说既包括物质空间，也包括精神空间，既有物质实体，也有行为关系。考夫卡的心理场是特指具体行为的心理活动，是行为的现象场，布迪厄的"场域"侧重点在社会空间中各因素之间的相互关系。这些内容都是心理空间的子集。这些概念和心理空间侧重点不同，"场域"更加强调边界性，聚焦于特定范围内一致性特点，范围与范围之间的相异性。而心理空间强调包容性和连续性，聚焦其中的关系域的动态性发展特性。

第二节　心理空间的神经生理证据

一　视神经有空间拓扑特征

　　许多实验表明视觉具有空间拓扑特征。光刺激传递到视网膜时，经由锥体细胞和杆体细胞的作用转化为化学和生物电能，经由视神经传导到枕叶大脑皮层形成视觉。这时心理的层次、认知的层次（大脑皮层的评估过程）和生理层次都参与进来，或者说，心理现象的描述通常都可以从这三个层次上进行分析。毫无疑问，视觉经验的位置通常被界定在大脑皮层，这样使得视觉具有空间拓扑特征。实验心理学研究表明，不仅视觉存在空间拓扑特征，听觉和味觉、嗅觉及躯体感觉都具有空间拓扑特征，对躯体和外在的所有知觉无不建立在空间基础之上。不仅初级的感知觉具有这样的空间性，对自身和他人的表征这些高级的感知仍然具有空间性，人们在内心空间体会着人际的亲密和疏离，传递各种关系。

二 海马脑区是心理空间的生理机能区

神经解剖学、生理学、行为学等不同领域的科学家均通过大脑海马区，尝试解答认知过程的机制。1957 年世界上首次切除双侧海马脑区以治疗严重癫痫的病例被报道，患者术后失去了长时记忆的能力，空间认知也出现了障碍，这些变化首次证实了海马脑区是产生"认知地图"的大脑神经机制。一些研究进一步表明，海马状突起的导向功能与想象中的"场景建构"之间存在一定联系。① 研究者同时对有海马状突起损伤的患者和正常对照组被试进行了测试，要求所有被试想象正处在陌生环境中，然后让他们对情境进行描述，并尽可能准确地描述感知和自我反思所觉察的细节。与正常对照组相比，海马状突起有损伤的患者转述的情境呈现片断特征，缺乏丰富的细节，空间感知也不连贯。如果海马状突起对于自动搜索正确线索和想象新情境都十分关键的话，那么，这也表明在描绘物理空间地图和认知地图中所涉及的心理过程是一样的。1971 年约翰·奥基夫发现了海马脑区的"位置细胞"，并于 2005 年在海马脑区上游的"内嗅皮层"区域发现了"网格细胞"。此后，2014 年诺贝尔生理学或医学奖获得者莫泽夫妇又陆续发现嗅脑其他细胞能够同时判断距离和方向，以及环境的"边界"，上述细胞与"位置细胞"共同构成一条完整的回路。这一回路系统构成了一个复杂的定位体系，成为大脑内置"GPS"的运转机制。方向细胞、位置细胞和网格细胞是内置"GPS"运转机制三个主要功能细胞，位置细胞绘制所处地点的地图，头部方向细胞感知前进的方向，网格细胞则类似航海中使用的经纬仪时刻定位行进的距离。这一重大发现证实了心理空间在大脑中有相应的神经生理机制区域。

三 脑电图节律参数空间与心理空间形成同构空间

大脑中不仅有与心理空间相匹配的区域，而且脑节律参数空间与心理

---

① 徐晓晓、喻婧、雷旭：《想象未来的认知加工成分及其脑网络》，《心理科学进展》2015年第 3 期；廖平平、刘岩、徐周：《情景预见的认知机制：情景建构与语义支撑》，《中国临床心理学杂志》2017 年第 1 期。

空间有相同的结构。罗克（A. O. Roik）等通过实验证实心理空间与脑电图节律参数空间是同构空间。① 他们所采用的实验材料是从物理空间意象到抽象语言逻辑思维逐渐变化的认知刺激进行实验。实验设计了六种类型的任务（见图 2-2），每一种任务包含 60 个特定的小任务。极端任务（任务 1 和任务 6）是物理空间和抽象语言空间类型，而中间任务（任务 2~5）需要两种类型的认知刺激以不同程度匹配组合。

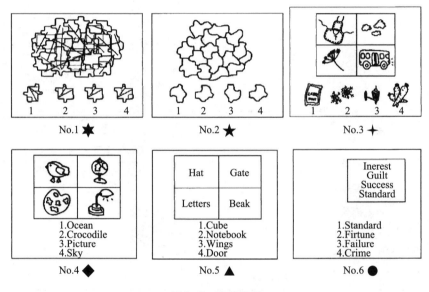

图 2-2 实验流程

注：No. 1 ★ 任务 1：在屏幕上方找与屏幕下方的四个用线条材料相匹配的；No. 2 ★ 任务 2：在屏幕上方找与屏幕下方的四个图形材料相匹配的；No. 3 ✛ 任务 3：在屏幕下方的图片中找与上方图片不匹配的；No. 4 ◆ 任务 4：在屏幕下方的象形文字中找与上方图片不匹配的；No. 5 ▲ 任务 5：在屏幕下方的象形文字中找与上方象形文字不匹配的；No. 6 ● 任务 6：在屏幕下方的抽象文字中找与上方抽象文字不匹配的。

实验过程中根据 10-20 系统电极安装法，分布 31 个电极，耳垂上使用参考电极，记录刺激和反应标记。数值的获取方法是分别计算每个脑电图通道中每个时期的光谱功率密度值，统计这些值在不同认知状态下的差异指数，进一步使用平滑算法减少空间的维数为二维，接着将差异指数标

① A. O. Roik, G. A. Ivanitskii, A. M. Ivanitskii, "A Neurophysiological Model of the Cognitive Space," *Neuroscience and Behavioral Physiology* 43（2013）：194.

注在二维坐标系中，坐标系的横坐标以点的形式表示空间—语言参数，纵坐标表示形象度和抽象度参数，这样就形成了一个标准形式，即大部分空间任务位于左侧，大部分语言任务位于右侧，而大部分形象任务位于顶部，图2-3分别呈现三个被试的坐标系。

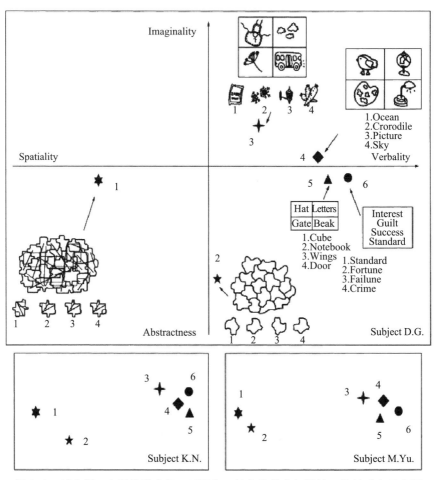

图2-3　以空间—言语为横坐标，以形象—抽象为纵坐标轴的三位被试心理空间

实验结果发现，所有被试在执行任务3、任务4和任务5空间形象思维和语言逻辑思维两种混合任务时，他们的脑电图功率谱没有混合，说明空间形象和语言逻辑思维的特征没有混合，两者思维特征各具特色，因此依据被试在执行任务过程中所建立的脑节律客观数据，可以呈现分为以空间—言语和形象—抽象为两个坐标轴的"心理空间"，从而证实了心理空间的存在，脑节律参数的空间与心理活动特征的空间密切相关。为了进一步论证两者的关系，罗克等通过类似实验进一步表明脑节律参数空间是一个有序的空间，物理空间思维、图片形象思维和语言抽象思维始终沿着相应的坐标轴有序排列，并且与心理空间有相同规则。① 所以，个体所构建的心理空间模型，与脑节律所构建的参数空间模型是同构空间。

第三节　心理空间的起源：具身空间

一　具身空间是感知空间形成的基础

由上述可知，心理空间是人类生活及认识社会的基础，其中的关系及范畴是非常活跃的认知经验，人类如何获得它们？这些范畴与客观世界的关系如何？人们如何运用这些范畴和关系解释非空间范畴和关系，使概念产生意义？通常在语言中所表述的前、后、左、右、上、下、里和外等空间顺序，在自然界实体中并不存在，是人类以身体为起点建构的空间关系，正是这些基础空间关系成为概念形成的核心，在人类日常生活和认知中起重要作用。心理空间中有基本和复杂关系之分，复杂的空间关系由基本的空间关系组成。结合莱考夫隐喻理论，本研究尝试解答上述系列疑惑。莱考夫提出几种基本空间关系概念，如容器图式、身体投影（bodily projections）等，以下以容器图式为例，探讨人类从最基本的活动开始是如何借助身体的空间经验形成概念的。

人体本身就是一个容器，口腔、胃和肠道等器官也是容器，结合最基本的活动"吃"，人类最基本容器图式体验产生。"住"同样是最基本生命活动，人类早期住在山洞里或者走出山洞，同样产生容器图式体验。随着生活的改变，人类开始凭借最基本容器图式体验制造物理属性的容器。无论哪种容器，总有一部分构成边界，并且边界将容器分为内外两部分，容器图式也因此有了内部、边界和外部之分。

---

① A. O. Roik, G. A. Ivanitskii, A. M. Ivanitskii, "The Human Cognitive Space: Coincidence of Models Constructed on the Basis of Analysis of Brain Rhythms and Psychometric Measurements," *Neuroscience and Behavioral Physiology* 44 (2014): 697.

空间关系概念所衍生基本图式中，前—后图式也是身体经验的核心。身体经验有上下、左右和前后三维之分，而对空间感知最重要的视觉器官位于身体前方，因此，人类对前面的信息感知最多，加之腿的结构也利于向前运动，所以人类最早将"前"和"后"加以区分投影到周围事物，与身体前方互动的事物一面称为前面。之后，身体经验逐渐有了上下和左右之分。通常人们还借用身体各部位名称命名事物，如"山头""火车头"等。空间关系的基本图式不仅包括空间运动类、容器类，还包括具有压制、作用力与反作用力和吸引等特征的力量类，具有均衡、点平衡等特征的平衡类。

在身体容器启发下，容器图式进一步借助经验衍生家族相似性图式，因为要吃，所以要捕食和分食，捕食图式可以抽象为意图—手段—目标的行为图式。分食图式衍生出中心—边缘图式和抽象的整体—部分图式，再进一步抽象为对象—分析—结果的思维图式（见图2-4）。这些图式大多数是自发和无意识形成并运用的。比如，当提到"一群小孩在公园里玩"时，我们脑海里会浮现一个空间关系画面，由楼房或院墙围起来一个边界，接着将地面或空中围成半封闭空间，这时容器图式、划分边界的地标、一群孩子这几个元素在意象中清晰形成了。观看媒体视频时我们也会将其知觉为由不同情境组成，而且一个情境接着一个情境，环环相扣。容器图式还可以运于符号间的推理。布尔运算就是典型的容器图式推理运算，当借助于图形进行包含、相交和相减推理时，边界、内和外等容器图式在其中起到重要的作用，可减少理性逻辑推理的难度，浅显易懂。另外，容器图式可以用于思考路径图式，即根据轨迹推断物体运动路径，可以跨领域运用，如用于听觉体验，可以听到声音的不同节奏，可以分辨语言表达相异内容，可以感受认知和情感等认知机制过程。或者将其运用于时间序列中理解相关内容的变化。这一系列从具体到抽象的演绎过程，可以说明人类复杂繁变的心理空间是从身体开始拉开了漫长的演变序幕。

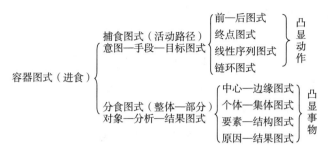

图2-4 人类基本图式的形成轨迹

资料来源：乔治·莱考夫《女人、火与危险事物：范畴显示的心智》，李葆嘉等译，世界图书出版公司，2017，第50页。

总之，诉诸身体的感知、运动和意象图式这些基本的身体经验在具体概念产生意义中发挥直接作用，而这里所说的"身体"已经超越躯体因素，更是参与空间感知和主动进行空间推理的具身认知。由此可见，基本图式是可以进行推理的，这一思路是对第一代认知科学所述的感知与概念之间不可逾越的主观点的突破。

二 具身空间隐喻是连接感知空间和语义空间关键

基于身体经验的基本图式是如何进行高级推理从而建构抽象概念的？客观主义假设心智和意义是对符号机械化操作后镜像映射的结果，概念没有具体和抽象之分。而当以莱考夫和约翰逊为代表的经验主义者以生命本性和经验解释意义时，概念有了具体和抽象之分，有了上下位衍生之别。他们认为个体身体经验直接感知到具体概念后，这些概念又进一步迁移到抽象概念。如容器内、外和边界等具体概念可以隐喻事件活动、情绪状态和社会群体等抽象概念，容器内意味着被掌控、有安全感，或者隐喻核心和本质，容器容量多少可以隐喻"心胸狭隘"和"心胸宽广"等，再比如"紧抓……核心思想"中的"紧抓"是身体经验在生活实践中的一个概念，紧抓的对象是客观事物，当一个事物在手中就意味着"掌握"，"捕捉……核心思想"中"捕捉"是生活实践中的身体体验，一个事物在手中就是"掌握"，物理的"掌握"也意味着文字的"理解"，这一物理运动逻辑可以跨领域，运用于对文字和思想等抽象内容的理解，则抽象概念形成。日常言语与推理中，个体经常借助空间隐喻实现由具体概念到抽象概念的跨领域迁移，实现由已知向未知的迁移，从而理解行为、思想及情感等抽象概念所产生的意义。从时间和空间关系来说，空间概念是时间概念的源头，时间概念借助于空间隐喻来理解。由此可见，具身空间隐喻是连接感知空间和语义空间的关键。

具身空间隐喻促使抽象概念形成的内在机制如何？这是莱考夫体验哲学的核心所在。该理论的核心思想在于论证概念通过建构范畴获得意义，范畴建构不同则获得意义不同。由此可见，他的理论有一个前提假设，即范畴存在，并且有种类和层次之分。他认为人类的各种概念及其相互关系具有一定的范畴，基本层次范畴由格式塔感知、身体活动与丰富的意象图式相结合共同界定，因范畴依赖身体经验而存在，所以个体可以进行推理、理解、获取知识和相互交流，从而自动、无意识和联想式地建构较高级范畴。他进一步借生物生存和进化的需要阐释范畴的生理机制，即个体大脑中遍布大量的神经元和神经突触，当个体通过感觉运动系统与外界互动时，无意识会产生大量模式符号并刺激神经系统，因模式符号数量过于庞大，大脑将其归类并投射到相应的神经元中。这种将不同的输入加工为相同的输出过程就是范畴化的生理机制。因此范畴化是具身认知前提，与感知运动系统密不可分。当然这里的范畴不只是原义，也包括隐喻和转喻，即从一个始源域到目标域映射所形成的结构化范畴。隐喻过程选择何种范畴，取决于"经验"。莱考夫所理解的"经验"不仅包括感知觉和运动等带来狭义经验，而且包括生命体内遗传基因部分，是先天和后天的结合体，更确切来说是"体验"，如基本图式就是体验。范畴是经验的一部分，是根据基本层次图式和意象图式结构的相互关系，将经验归纳为可辨别种类的结构，自动归类过程就是范畴化，这里的相互关系与身体、大脑以及与外界体验式互动密切相关。范畴化是一切意义产生的基础，意义系统的形成基于范畴框架的结构，范畴框架选择不同，则体验意义不同。

如图 2-5 所示，始源域 $1a$ 结合基本层次范畴 $1b$ 映射到目标域 $1c$，形成意义 $1d$。目标域 $1c$ 再次转化为始源域 $2a$，并结合较高层次范畴 $2b$ 映射到目标域 $2c$，形成意义 $2d$。目标域 $2c$ 再次转化为始源域 $3a$，依次类推形成意义 $3d$，等等。因人类在进化过程中有近乎相同的生理机制，相似的具身体验，为此范畴框架有相似性，又因为人类处于不同的社会文化和情境之中，认知结构关联复杂，为此范畴框架又有差异性和多样性。所以，意义不是绝对、单一的客观存在，而是由身体与外界互动建构而来。因此，莱考夫提出概念隐喻的空间化形式假说（spatialization of form hypothesis），即"范畴是根据容器图式来理解的；层级结构是根据部分—整体图式和上—下图式来理解的；关系结构是根据链环图式来理解的；前台—背景结构是根据前—后图式来理解的；线性的数量规模是根据上—下图式和线性序列图式来理解的"。质言之，具身空间隐喻既是意义的源泉，又是生成意义的途径。

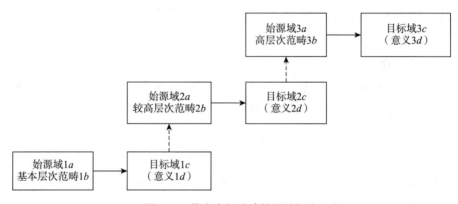

图 2-5　具身空间隐喻的连续衍生

注：莱考夫谈到建筑块结构（building-block structure）和格式塔结构（gestalt sturcture）两种理想认知结构模型，本图是前者结构基于层级性范畴的衍生示意图。a 指代始源域，b 指代不同层次范畴，c 指代目标域，d 指代伴随目标域生成的意义。实箭头指代对应映射关系，虚箭头指代低层的目标域通过转喻等方式，被人们理解后，再次转化为较高层的始源域，再次参与具身空间隐喻活动。

三　具身空间是心理空间的动力源泉

具身空间不仅是感知和思维的源泉，而且是情感的源泉。其实通常所说的身体已经超越了躯体的意义，超越了视觉和触觉的经验，是一种独特的具身空间经验。这种空间经验不属于运动机能的领域，不存在位置关系和距离关系，也不通过这类关系确定其相对位置。它不仅有表面性，更是超越了第一维和第二维的线和面意义，上升到第三维立体性。这种立体性就像声音的回音，又像水中的涟漪，具有不可分割的结构性和延展性。德国哲学家赫尔曼·施密茨从新现象学的视角将这种具身空间称为没有心理和物理之分的绝对空间，① 他用狭窄、宽广和躯体方向等基本要素诠释具身情绪震颤状态，基于狭窄与宽广具身动态性体现具身动力学特征。狭窄类似紧张，如焦虑烦闷时的沉重感，宽广类似放松，如愉悦和自由自在时的具身轻松，两者既相互排斥又相互联系，既相互竞争又相互激励。在某种程度有可能任何一方占优势，如在受到极度惊吓时，只有狭窄没有宽广，在入睡或类似昏迷状态，只有宽广没有狭窄，通常两者交替作用，有一定的节奏，处于平衡状态。有时人们能明显感觉到两者交替使用，如惊喜和害怕时，有时感觉不到两者的交替，如吸气时两者竞争激烈，交互运动，交互占优势，这种相互作用就像是齿轮相互推动下的生命原动力，构成了具身的动力学结构。在这种动力结构的影响下，人们通过具身交流方式与外界互动。

在某个情境引发情绪产生前，先是具身动力结构促使躯体震颤，接着躯体的感受通过扩散与外界事物建立关系，在这个过程中扩散的整体气氛感就是情感。情感依附于躯体某个部位，但又超越躯体部位，成为一种扩散开来的整体性空间气氛，因此，情感是具体而丰富的具身体验，因具身的空间性也具有空间特征。伴随着个体的成长，主体性也在具身空间的动力作用下逐渐分离出来，出现主体性事实和自我感，出现对事件的整体性知觉，这就是心理空间的自我和认知语境，因此，具身空间有一定的认识论、社会学及人类学意义，并且在临床心理治疗中也具有病理学意义，这些将在后面的章节进一步阐述。

第四节　心理空间的核心：多重自我

一　心理空间第一人称必要性

心理空间本质上是第一人称的，是身体接收内外刺激后所体验到的内在表征。从以下三点探讨第一人称存在的必要性。其一，自我是人生的主

---

① 赫尔曼·施密茨：《身体与情感》，庞学铨、冯芳译，浙江大学出版社，2012，第28页。

体和生命之核心。在日常语言中，人们随心所欲地使用"我"和"自我"，如"我是……""我要……""我想……"等，书面表述经常有"自我实现"、"自我否定"、"自我陶醉"和"自我欣赏"等，这些语言是早期在生产和生活社会实践中表示自己的需要时自发产生，是在言语实践中无意识逐步形成的，虽然不言自明，但却难言其明。这些用法也表明人们不仅把自我视为一个统一、稳定和连续的整体，而且无形之中将自我当作各种能力和经验的拥有者和承载者，当作与外在世界互动主体，一个与他人全然不同的独特者。由此可见，生活和社会实践促使自我产生。随着个体的成长和社会的发展，个体意识到外界是由自我来认识和改造的，而且更好认识自我也成为认识世界的重要组成部分，发展个性、实现人的社会价值和生命意义，均与自我意识发展相辅相成。杰恩斯在《关于心灵起源的四个假说》中提到，人们在生活中往往无意识地将周围的物理空间属性通过语言转化为解决问题的心理事实，被经常重复描述就成为心理空间，这是意识的第一重要特征。在这个意识空间中谁在观看和内省？这时自然就演化出一个类似人物的"我"，这是意识的第二特征，"我"可以在心理空间来回走动。所以，心理空间第一人称性是人与外界互动和衍化的结果。其二，自我是意向性表征的基点。因自我产生，外部世界因而有了主观与客观之分，语法角度有了 I 和 me 之分。一般而言基于自身直接感受到的知觉经验是主观的，或者主观事实，这些主观事实是自身正在发生着的事实，是"向着我的属性"或者"在遭际中的处身状态"，这种处身状态构成了主体性。例如"我看到……"等，也是言语者对自身的存在或发出作用状态的确认。对于客观不难理解，人们往往将未知事件置于第三者进行研讨和分析，自身未知领域也不例外。所以人们习惯将关注对象用第三人称表述，日常用语和传统学科多数是以客体为探索对象，对自身的心理内容、心理过程等进行研究时也是第三人称视角。例如"……对我"等，我处于中间或后面，这实际是言语者对自身被作用状态的确认。通常自我第一人称和第三人称状态同时存在，二者经常相互转换，只有这样，自我意识、自我反省和自我感才能产生。其实，这种自身主体与客体相互关系，是对自身存在状态的确认，是一种觉知活动，觉知能力是一个在者成为自我的充分必要条件，这些都是意向性的体现。笛卡尔的"我思故我在"也很好地诠释了两种类型的我，一个是"我思"中的我，第二个是"我在"中的我，这两个我的意义不同，第一个我是主体我，第二个我是我思的结果，是客体我。总之，主我与客我之分是意向性产生的前提。其三，自我是心理空间的组织和协调者。当心理空间与外界互动时，当主我与客我彼此相互影响时，经常会有一系列疑惑：什么与我有关？与环境互动时，哪方面在生命意义上最重要？面对困苦时，我如何应对？我又如何组织过去、现在和未来的事情？我能信任谁？……这些疑问需要自我以组织和管理者的视角对生理语境、心理语境、社会语境和语言语境的信息进行协调，需要将不同学科信息进行统筹，这时自我必须以第一人称视角建构当下现状，才能实现内在同一，与外界和谐。

正如心理空间一样，自我的渊源也是身体经验，身体是生命的空间。可以说心理空间蕴育于具身，发端于自我，自我的多重语境和多重对话形式给予心理空间丰富的内容及动态化模式，赋予心理空间血肉，使其有了活力。

二 自我的形而上、社会和生理语境

先从语境视角探索自我多重状态。首先，自我的形而上语境。笛卡尔将自我定义为"一个在思想的东西，是不依赖躯体而自由存在的心灵实体"[1]，哲学中蕴含的所有设想问题，都可以在这里找到答案。显然，这种形而上学的思想不仅造成主客体二元分裂，而且忽略日常语言中"我"和实践中"我"的观点，使自我深深陷入主体的泥潭之中，失去了统摄知识的功能。康德否定自我的实体性，将自我从主体的泥潭中解救出来，却又赋予其先验的成分，置其于意识的核心。他提出了"先验自我"和"经验自我"概念，强调"先验自我"是把不同时空的"经验自我"统一起来。费希特提出了与康德的"先验自我"类似的"绝对自我"概念，他依据自因性和自明性定义"自我"为行动，不依赖外界，不包含其他元素的纯粹自觉行动。"我是什么，我知道，因为我就是那样；我之所以直接知道我是那样，是由于我根本存在着。这里决不需要主体与客体的联系，我固有

---

[1] 笛卡尔：《第一哲学沉思集：反驳和答辩》，庞景仁译，商务印书馆，1986，第26页。

的本质就是这种联系。我既是主体，又是客体，而这种主客同一性，这种知识向自身的回归，就是我用自我这个概念所表示的东西"①，由此，他最早揭示了自我的"存在"与"知道"互为条件的特性。与康德一样，费希特将作为认识活动的前提和根本。黑格尔沿着费希特的激进自我论思想，将自我吹胀到了"绝对主体""绝对精神"的地步，"自我是自我本身与一个对方相对立，并且统摄对方，对方在自我看来同样只是它自身"②。他先设一个对方，然后再将对方摒弃的方法生动地道出自我的主客体同一性，提示自我的正、反、合的辩证运动及其自明性和对立统一性。在他那里，自我最终吞噬了他人，成了唯我独尊的独裁者。从笛卡尔的特立独行的自我，到康德、费希特和黑格尔的自我，逐渐看到了自我中的经验、行为和他者的因素，似乎看到了克服"唯我论"思想的钥匙，但这些因素又被还原为自我意识的现象，自我最终成了没有他者的孤独者。

那么，自我与他者的关系究竟如何？后继者意图突破孤独自我的藩篱，研究自我与他人的关系。胡塞尔最先提出我中有他的思想，其核心理念是"纯粹自我"，是用现象还原法排除了他者或客观世界后留下的一种内在的超越，是非经验、非现象和无内容的。进而他通过主体间性理念，阐述自我与他者的关系，认为他者与先验自我一样都是一种单子，"纯粹自我"通过"统现"与他者单子处于一个综合统一体中，相互整合成先验"世界视域"，使"我的我和陌生者的我共存，我的意向生活与他的意向生活共存，我的实在性和他的实在性共存"③。胡塞尔从存在论视角让我们似乎听到了一种自我与他者平等地位的呼吁，其实他的认识论仍然没有超越先验"唯我论"，只是将其转换为先验的"唯我们论"，他者成了自我的影子，还是没有独立性。海德格尔以"共在"为基础，认为自我并非首先是先验的、纯粹的，而是与世界、与他者不可分离。这时他者从自我的影子中挣脱出来，与自我地位平等，有了相对独立性。但海德格尔最终仍将自我放在优先地位，未脱西方传统哲学"唯我论"的窠臼。

---

① 费希特：《人的使命》，梁志学、沈真译，商务印书馆，1982，第57页。
② 冯晓峰：《黑格尔的自我意识理论及其意义》，《学术探索》2004年第6期。
③ 胡塞尔：《笛卡尔沉思与巴黎讲演》，张宪译，人民出版社，2008，第164页。

　　萨特和拉康将自我融入他者之中，甚至成为他者，开启了解构自我之旅。萨特与费希特和海德格尔一样，通过存在论研究自我与他者的关系，"自我与他者是因对方的存在而存在的关系，而不是认识与被认识之间的关系"，"胡塞尔的失败在于他在这个特殊的水平上以认识来衡量存在，黑格尔的失败在于把认识与存在同一"，① 如果要摆脱唯我论的困境，必须建立存在论的关系。他结合胡塞尔的意向性思想提出意识自由流动性，该特性由意向性决定，不需要自我参与，自我的存在会限制意识的自由，甚至会使意识陷入毫无根据的反思或判断泥潭中。"萨特的一个有名的比喻就能说明这些：自我意识就像冰箱里的灯，灯一直装在那里，冰箱关起来工作时，不需要亮灯，只有打开冰箱时，才需要有灯照亮冰箱内部。"② 因此，自我不可能提供自身存在的证明，只有作为关系意义的存在或消失在这种无形共在关系中，才具有存在的价值。由此可见，虽然萨特不否认自我的存在，但是自我存在的意义已经不重要了。拉康是极端的自我解构者，彻底否认自我的存在。他强调婴儿时期开始，主体认同镜像为自我，他者可能是自我的镜像，自我也可能是他亲近人的形象，因此，自我不过是一种误认的产品。质言之，自我只能是处于想象关系一方，借助于他人而诞生，而存在。除此之外，不存在纯粹独立的自我。这时"自我"概念发展经历萨特和拉康后被解构，主体被颠覆，代表"自我"的"他者"闪亮地登上了主体的宝座。

　　其次，自我的社会语境。19 世纪中叶以后，美国的实用主义者詹姆士突破传统的"经验自我"和"先验自我"等形而上的概念，提出"物质自我"、"社群自我"、"精神自我"和"纯粹自我"四种概念，拓宽自我边界至人类社会生活领域，包括现实的人和其所属的心理、身体、财产、家庭和职业等，具有一定的科学意义。但其只是静态地描述自我的多层结构，各层概念交叉重叠，所包含的内容相互冲突。随后，社会心理学家库利提出"镜像自我"这一概念，试图从自我和他者之间的动态关系上理解自我。米德进一步提出"主我"和"客我"，再次将自我边界向"社会自

---

① 萨特：《存在与虚无》，陈宣良等译，生活·读书·新知三联书店，2007，第 309 页。
② Norbert Wiley, *The Semiotic Self* (Chicago：University of Chicago Press, 1994), p. 91.

我"延伸。其实，自我社会性相关理论俯拾即是，如黑格尔从辩证法角度论证了这一观点，认为自我如果只是同一性的简单统合，就不会意识到自身，"我是我"不能成为定论，自我当中必然发生某些分裂，自觉意识到各部分的差异，才能实现自我意识或自我反思。自我社会性因素之间的差异、对立、矛盾和冲突，恰恰能促使自我分裂，正是这种分裂推动自我具有更高级的整合功能。马克思在探讨自我问题时也提出，自我是一个身处他者之中而具备某种特性、身份或认同的个体，其本质就是社会关系。涂尔干尤其强调自我的社会性因素，他与康德一样认为思维范畴先于个体经验，但这个思维范畴不是先验自我，而是社会的信念、规范和价值观，并且随着社会的变化，自我也相应改变。可见，自我的社会性因素毋庸置疑地存在。

　　但是社会性因素是如何融入自我的？自我在纷繁芜杂社会因素下的状态如何？后现代社会建构论尝试回应这些问题。社会建构论不仅反思和批判形而上的自我相关概念，重新认识人的本质、人与世界关系，而且强烈呼吁自我是在人际互动中不断建构的语言产物。社会建构论的代表人物格根用"饱和自我"（saturated self）来形容自我的多样性，他认为自我是因情境而生，因情境而异，很难发现一个完整和一致的自我，"开放的内容出现了，在其中，人们可能会删去或重写他们的自我，因此自我是变动不羁、不停扩张，呈现网络状"①。他用音乐电视（MTV）来解释自我。在音乐电视作品中，不同的情境或主题交替出现，彼此独立，毫无相关，无法体现整体的连贯性，自我就像是在某个特定的情境建构起一个小屋，当从一个情境进入另一个情境时，这个小屋也随之消失，同时另一个小屋开始建造。由此可见，当自我由内在走向社会语境时，自然成为人类社会发展的产物，其灵活性增强，一致性和主动性减少，可以说找不到"自我"了！

　　随着 21 世纪生态主题的凸显，"生态自我"相关理论应运而生，自我的内容随之从他人和他事，拓宽到环境。"生态自我"有两种研究思路。

---

① K. Gergen, *The Saturated Self: Dilemmas of Identity in Contemporary Life* (New York：Basic Books, 1991), p. 228.

一种是关系型，强调自我与环境等客体的关系，如赫米斯将自我、他人和环境统称为生态自我系统，各部分相互独立，相互影响，自我既塑造生态系统，又是该系统的反映，整个系统处于动态平衡状态。詹姆士提出"纯粹自我"、"物质自我"、"社会自我"和"精神自我"四种自我，是关系型生态自我理论雏形。另一种是共同体型生态自我理论，该理论从生态潜意识出发，认为人类与自然界之间除了物理与化学联系之外，还有一种内心深处的情感联系，推动生态认同和生态体验，这时自我成为人与自然情感相互交融、心灵交相辉映的生命共同体，更是一种回归生命本源的原生自我。阿伦·奈斯最早提出"生态自我"（ecological self）这一概念，强调自我成熟过程就是不断与他人、他物产生情感和认同的过程，这种因共情产生的认同就是生态自我的主要特性，这时自我的主体与客体融为生态共同体，自我便从"小我"走向"大我"，正如凯温·林奇所说"我在这儿支持我的存在"①。

最后，自我的生理语境。随着认知神经科学研究范式的兴起，自我的生物学和神经科学研究也相继展开，相关研究多集中在借用功能磁共振成像（fMRI）与事件相关电位（ERP）等脑成像技术，基于被试的自我参照加工所引发的大脑特定部位激活强度，来探讨自我认知加工的相关脑功能区域。自我参照加工是与自我体验关系密切的认知加工，包括自我的加工模式、自我信息的觉察与评价、自我与他人的关系表征等。国内外自我脑机制研究已相当成熟，一致认为大脑皮质中线系统是自我的神经基础，尤其是其中的内侧前额叶皮质的作用最大，② 这里就不再赘述。虽然目前自我的神经机制思路是基于第三人称的视角，依据"我思考我"的实验范式尝试进行"我思故我在"的认证，这也许并非恰当研究范式，但足以从认知神经科学角度解释自我何以存在。

如果说自我有相应脑神经机制，这完全可以理解，但是如果将自我扎根于身体，扎根于知觉和动作，或者直接说神经系统就是自我，却不易让

---

① H. M. Proshansky, "The City and Self-Identity," *Environmental and Behavior* 10（1978）: 148.

② 贺熙、朱滢：《社会认知神经科学关于自我的研究》，《北京大学学报》（自然科学版）2010年第6期。

人理解。20 世纪末达马西奥最早在此意义上开始了探索，从自然生命进化的视域对自我进行了生命演化史的论证。李恒威在其《意识：从自我到自我感》一书中，详细论述了达马西奥的自我具身认知表征理念，表明了这些生理本身就是自我的观点。他将自我分为三个演化和发育水平："原始自我"（proto-self）、"核心自我"和"自传式自我"。"原始自我"即生命自我，自我首先是一个生命现象，是生命有机体表征自身状态的相互联系和暂时一致的系列神经模式，最早的单细胞有机体就已经有了生命自我。有机体有了意识后，就有了对生命状态即时表征的"核心自我"和以内隐记录生命史为基础的"自传式自我"。"核心自我"居于根本性地位，"原始自我"是前兆，"自传式自我"是扩展，三种自我结合成一个有机整体。[1] 21 世纪初，自我具身性的相关实验研究初露锋芒，如连体胞胎共享的部分身体造就了自我的部分融合，布兰克通过实验说明新大脑皮层、颞顶叶结合处和纹外躯体区皮层及邻近部分是自我意识调节的具身功能区域。[2] 此外，镜像神经元也支持自我的具身性，身体状态如挺胸抬头等增强自信方式也可以论证自我的具身特性。总之，这些研究诠释了自我是有机体通过身体与环境互动的结果，具身性是自我建构的必要条件，甚至是首要现实条件。但这些诠释难免会引发一系列质疑，如是否具有特异性，使不同的自我层面依赖不同的具身状态？而且这种自我的扎根理念似乎与意识相混淆等。这些疑惑都需要进一步探讨。

　　自我的生理语境从神经机制探讨到具身认知表征探讨的过程是自我与外界的互动方式从有中介过渡到无中介，从部分过渡到整体，从抽象过渡到具体表征的过程。神经机制下的自我研究主要探讨自我存在的理由，具身视角下的自我研究倾向回答何为自我，即自我是主体对环境及身体"体认"的结果。这恰恰是自我本体论研究的核心所在——自我的实在性。自我有实际的性质和状态，是第一人称实在，并非衍生，也非依存。这种实在不是通过观察获得，而是生物层面、心理层面、社会层面等信息所形成

---

① 李恒威：《意识：从自我到自我感》，浙江大学出版社，2011，第 60 页。

② Olaf Blanke, "Brain Correlates of the Embodied Self: Neurology and Cognitive Neuroscience," *Annals of General Psychiatry* 7（2008）：98.

的表征系统再次表征的结果。再表征意味着有机体可以成为心智过程的拥有者，也意味着可以感受，体现了自我形成的生命历程。比如最常见的精神现象"快乐"，每个人都实实在在经历过，即使在传统物理和行为主义范式下，研究者可以观察到相应的生理性指标，但是不可能观察和体验到"快乐"本身。快乐来自哪里？来自一个主体自我。当与引发快乐的信息发生关联时，有机体先无意识以特定神经模式表征这些关联，接着立足当下有目的地对表征及时再表征，正是因为再表征才使有机体建构成为知道者和拥有者，不仅知道自己的存在，而且知道身心一切均为自己所有，进而体认出"快乐"。因此，基于认知神经科学理论下的自我本体论研究，彻底否定自我的虚构理念，给出令人信服的论证过程，为自我研究注入新的元素和活力，迄今为止可以说是最系统和最严谨的自我本体论思想。

三　自我的多重对话功能语境

自我在社会语境中扩大边界，以拥有者的姿态广纳社会、文化和生态等因素，成为包罗万象的集大成者，因其有形而上、社会和生理多重语境，内容复杂性应该使其处于不稳定、非线性和不规则状态，但是自我应对不同情境和事件时通常是以统一性的面貌呈现，那么，自我内在结构如何？又是如何整合这些因素的？这些因素之间如何互动？这些追问再一次将自我的研究关注点由边界外延转向内部机制探讨，这也正是从自我的社会语境研究转向语言语境研究，从自我内容研究转向自我功能研究。受后现代叙事方法的启示，研究者开始对自我的自反性和对话性进行思考，在语言语境中，研究者通过"符号自我"和"对话自我"这两个概念回答自我内部运行机制。其中包括巴赫金对话理念、赫尔曼斯（Hubert J. M. Hermans）的多重立场想象空间、拉加特（Peter T. F. Raggatt）的对话三元体。这些理论尤其突出自我的功能性意义。

符号学大师皮尔士提出人本质上是符号，思想和自我本质也是符号的观点。诺伯特·威利（N. Wiley）在其著作《符号自我》（*The Semiotic Self*）中提到皮尔士的"符号自我"思想，"不是我们表达思想需要符号，而是我们的思想本来就是符号，与其说自我表意需要符号，不如说符号让自我表意。人的所谓自我，只能是符号自我"①。如果自我是符号，那么自我是否成为名称的空壳？不是的，皮尔士还是强调自我有实体性和独特性，符号是体现自我的结构性。"一个小孩只有触摸火炉才知冷热，才能证实他以前所听的告诫，因此他开始意识到无知是什么，并感到有必要设想一个'自我'"，所以皮尔士将笛卡尔的"我思故我在"转化为"我无知，故我在"。② 他认为当自我与即将形成的那个自我（the upcoming self）交谈时，是"当下自我"与"未来自我"或"你"之间的对话，这就是"我—你"自我二元结构关系，但他始终没有用自己提出的"符号—解释项—客体"符号三元模式解释自我的二元结构。米德从共享意义的姿势和语言等方面研究符号，将其视为社会活动的中介，个体与他人互动等社会活动产生了"符号自我"。与詹姆士一样，米德用"主我"和"客我"细化自我学说。"客我"由过去的"主我"组成，"主我"在时间轴线上移动，两者是认知与被认知的关系。"自我"怎样成为一个符号？皮尔士和米德没有明确说明，威利却深入研究了这一论题。他将自我理解为"主我—客我—你"三元关系符号模式，符号自我在时间轴线上分为当下、过去、未来三个阶段，当下是正在叙述的"主我"，过去是被述的"客我"，未来则是接受这一阐述的"你"，当下通过阐释过去，为未来提供方向，或者"当下我"是说者，"过去我"是被说者，"未来我"则是一个听者，自我以三种角色在时间轴线来回穿梭，体现了内在一致性、高度自反性和对话性特点。这些特点恰恰解决了"主体性悖论"问题，即自我如何对自我意识形成意识。针对这一悖论，多数哲学家借用"先验自我"，甚至上帝的力量等形而上的视角考虑，但威利立足于自我的三元关系理论进行合理解释，符合个体生活语境现状。对比皮尔士、米德和威利的对话模式，皮尔士认为是顺时向前，从当下"主我"到未来"你"的对话，米德认为是逆向，从当下"主我"到过去"客我"的对话，威利提出"主我—客我—你"三者循环式的对话模式，这三种模式都反映了自我调控的内部机制。

20 世纪末全球各种环境、知识和文化的直接性、即时性和广泛性等现

---

① Norbert Wiley, *The Semiotic Self* (Chicago：University of Chicago Press, 1994)，p. 1.

② Norbert Wiley, *The Semiotic Self* (Chicago：Univiversity of Chicago Press, 1994)，p. 63.

实语境，促使自我以一种全新的方式朝向关系性和动态多重立场发展，这时对话自我理论以全新的姿态脱颖而出。巴赫金从人生哲学视角出发，提倡自我研究的现实生活语境化思路，反对自我的纯理论构建，"面对理念思维建构起来的脱离个人相关历史行为的世界，我无法将实际的我纳入其中，无法将我的生活纳入其中"①。个体经常通过与他者的互动来自我认知和自我整合，据此，自我需要"多声部"对话式的依存方式，"话语都是表达与他者的关系意义，是连接我和他者之间的桥梁，在话语中我会因他者的存在而形成"②。受巴赫金生活语境化思想启发，赫尔曼斯和拉加特提出详细的对话自我理论。赫尔曼斯将自我定义为动态的、具有多重立场的想象空间，③ 在空间内每个"主我"有独立的立场（I-Position）和独特的心理特性，每个立场的"主我"都会讲述"客我"的故事，并且在想象空间中变换立场，"主我"的变换即为不同立场之间的对话，这样就会有内部立场（自己的某种属性部分）之间的对话、外部立场（与个体相关外部环境的人或物）之间的对话、内外立场之间的对话，这些互动又会促使新的立场产生，从而促进自我的解构和建构。拉加特进一步强调对话是自我意识的基本特性，"我说，故我在"④。他非常关注社会因素的作用，认为任何脱离外界社会媒介的"主我—客我"自我立场空间模型都是不完整的，需要社会立场作为第三者参与其中，因此提出了"I-Me-Other"对话三元体（dialogical triads）理论。第三者可以是人、事或物，被称为模糊能指（ambiguous signifiers），例如他人对自己既友好又敌对，事物的两种对立面可同时存在。模糊能指体现了自我的繁杂性，同时提供了多角度理解自我和评价自我的钥匙。至此，对话自我理论越来越具体，越来越生活化。

总之，对话多重自我空间立场理念中，position 这一词语能形象解读自我在心理空间的核心位置和作用。其一，它体现认知状态。position 英文名

---

① 巴赫金：《哲学美学》，晓河等译，河北教育出版社，1998，第 11 页。
② 巴赫金：《周边集》，李辉凡等译，河北教育出版社，1998，第 436 页。
③ Hubert J. M. Hermans，"The Dialogical Self as a Society of Mind：Introduction，" *Theory & Psychology* 12（2002）：150.
④ Peter T. F. Raggatt，"The Dialogical Self as a Time-Space Matrix：Personal Chronotopes and Ambiguous Signifiers，" *New Ideas in Psychology* 32（2014）：110.

词含义为方位、状态，也是态度和立场，动词含义是"转到某一位置上"。在对话自我理论中，立场可以被理解一种真实生活的角色，或想象的角色，也可以是一种认知观念、一种态度或一种行为方式，每个立场都是相对自主的认知系统。将自我置身于一定的空间位置，从而可以研究特定立场的观念，真正体现自我之间的"对话"。当给自我一定场所时，自我才能摆脱固定不变的实体，才可能不断主动定位与重新定位，从而区分内部与内部、内部与外部、外部与外部的矛盾或冲突，在临床心理学中就可能清晰分析各种交织的冲突与矛盾现状，厘清观念或思路。其二，position 又体现一种空间状态。用一个空间的理念理解一个立场，就可以在立场中赋予其丰富的内容，可以借助拓扑学的思想来研究立场与立场之间的动态关系，克服现有理论单一和静态研究现状。对话自我理论下的自我处于关系性、动态性多重立场的自我空间，很容易解释不同领域带来的自我冲突、自我批评、自我认同等。多重对话语境下的自我理论摆脱了前人纯理性论证形式，借用对话隐喻，强调自我的时空形态和视觉感，凸显自我内部一系列工作机制。其中"符号自我"从时间视角展现了自我的思维过程，"对话自我"从空间视角展现了自我的生活化过程。这样，自我研究抛弃了以前的孤独性、抽象性、理论化和静态化，研究范式走向群体性、具体性、生活化和动态化。

四　自我多重对话语境同一

综上，自我研究经历了形而上、社会、语言和生理四种语境转换过程，并且在转换过程中遵循一定的内在规律。那么，这一系列转换的动力何在？主要有两个：其一，自我研究发展过程中自身不断补充不断完善的内在动力；其二，各学科发展的外在动力。首先，自我在传统的"arm-chair"哲学思想影响下，笛卡尔、康德、费希特和黑格尔等均假设有一个先验性、绝对精神和纯粹性自我对个体起指导性作用，这无疑明确了研究对象，但这时自我是抽象的和理性的，因其主体性和统摄性而被置于极高位置，甚至置于上帝位置，远离人群，忽视了生理、文化和社会的基础。其次，随着社会学学科发展，"社会自我""生态自我"概念相继提出，自我研究历程由内部延展至社会环境中，扩大了自我内容。研究者假设自是个体对外部世界存在状态的内部表征，可以通过行为或语言等外部线索准确地理解、接收和"翻译"个体自我的真实状况。这时自我回归人群，回归与他者的关系中，甚至消失在他者之中，并且"把人解释为社会环境的受害者和牺牲品，贬低了人的能动性、主动和选择能力"①。这种科学研究范式下的自我只具有普遍性，是他人眼中的我，其独特性、个体生命的意义与情感却被排斥和舍弃，而这些被排斥和舍弃的恰恰是自我最丰富最真实的内容。那自我的存在意义何在？自我如何从他人眼中的我变成我眼中的我？在种种质疑声中，语言学科的发展回应了哲学家奥古斯汀"无须出外，回到你自己中，真理就在内心"的召唤，最终研究者将视角转向重视内心声音，或以思维方式隐喻自我的自反性，或以对话形式隐喻自我的结构和互动性，这时自我研究第二次走上了内转的历程，其中的"对话自我"和"叙事自我"有较大的灵活性、主动性和计划性，具有反思性职责，这时的研究重点放在自我的内在结构和互动方式，但却无法回答"自我为什么存在"和"自我的本质是什么"这一系列问题。认知神经科学和具身认知研究的发展，正好回应这些问题，明确了自我存在的神经基础及其本体论思想。因此，"语境变化的根本原因是在其中增加了新元素或发现新问题"②，并且在内外两种动力的驱使下，自我的内涵及外延日臻完善。

由此可见，形而上语境自我、社会语境自我、语言语境自我和生理语境自我这四种语境自我相互补充和相互促进，最后整合为一个完整的自我。那么，在某种意义上，是否可以说自我就是把四种语境自我都囊括其中，依据加法原理，最终达成统一？并非如此。其整合不是和的运算，而是从时间和空间的统一视角整合一切对象、理论与经验，最终经过语境叠加，形成其语境同一性表征模型，如图2-6所示，其中阴影重叠的核心部分是自我的语境同一性表征。每种语境从滥觞、相互补充到相互抵牾，总有新元素或新问题出现，这些新的资源成为后继语境发展的前提条件，因此四种语境自我之间有共同语义域，这种关联为语境叠加提供条件。例

① 叶浩生：《关于"自我"的社会建构论学说及其启示》，《心理学探新》2002年第3期。
② 魏屹东：《语境同一论：科学表征问题的一种解答》，《中国社会科学》2017年第6期。

如，形而上的语境自我中已经有社会自我语境的因素，社会自我语境下的研究者将其从中抽离出来，进一步拓宽社会因素。自我语境同一性表征是四种语境叠加的结果，这里的自我语境同一论，"既坚持工具论，又坚持实在论"[1]。工具论体现为自我借助语境为工具阐释其演绎和整合过程，借助语境为工具承载各种理论，语境叠加后是新语境框架下的理论，其表征关系与以前不同，表征范围更广，解释力更强，预测力更强。坚持实在论强调语境叠加后的自我不是依赖逻辑，不是像模型所显现的面积缩小，内容减少，而是集主体和客体、人与物、不同时间和空间等多种元素于一体的有机整体，是多种经验系统化结晶。依据语境同一论思想，叠加后的自我具备三个特点：其一，只有依存于特定语境，才能确保认知和解释有了基底，才能保证表征的科学性；其二，有多种语义域，特定的语境下的自我有特定的语义域或意义边界，选择何种意义取决于使用者；其三，无论自我如何表征，必须在同一语义域下进行，这样才能保证表征关系中的中介客体和目标客体有较高的关联度和适应度。

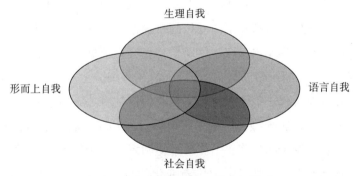

图 2-6　自我的语境同一性表征模型

　　总之，语境叠加后的自我突出形而上语境的内省性、社会语境的交互性、语言语境的表达性和生理语境的具身性，体现概念发展的连续性、一致性和统合感。这样，在语境下自我不再那样晦涩，那样云雾缭绕，语境分析为其概念的理解和应用打开了一个崭新的窗口。

---

① 魏屹东：《语境同一论：科学表征问题的一种解答》，《中国社会科学》2017 年第 6 期。

五 自我的两种认知功能结构内涵

自我在心理空间中的组织和管理功能，一是体现在多重自我立场相互对话，让自我走向他者，有助于自我发展并实现自我调节。二是执行认知机制调节功能。自我发挥认知功能时依靠两种功能结构进行，即工作自我和自我定义记忆，以下解释两者的内涵。

首先理解工作自我（working self）的内涵。前面提到关于自我的形而上、社会、语言和生理四种语境，最后整合成为一个完整的自我概念，从而以多重自我形式参与各种心理过程。那么，在特定情境和特定事件下自我是如何引导认知、情感和意志等信息具体发挥作用？或者当下的自我功能机制如何？以往研究者只是看到自我概念的整体性、稳定性和一致性，但是大量研究表明，个体在进行感知、记忆、思维和行为时受当下思想、态度和信念的影响，因此现实生活中人们往往关注当下自我功能状态，只有这样才能凸显自我的性质和意义，而真正执行当下心理和行为活动的结构是工作自我。马库斯（H. Markus）提出自我概念的一个子集——工作自我概念，即当下处于活跃和不断变化的自我概念，它依赖于当下自我对特定经验、情境有目的作出反应，体现了自我概念依据情境变化而变化的动态性。洛德（R. G. Lord）等将工作自我的成分细分为三种，即当前目标、自我观点和可能自我。前两者与当下自我的评估有关，可能自我代表未来个体努力争取的理想模型。这一思路也符合建构主义符号交互理论特点，即不存在固定或稳定的自我，个体对事物和意义的理解不是绝对的，而是随着社会互动而发生改变，需要不断变化的自我概念诠释这些情境符号，只有建构当下的自我概念，才能及时调整个体的情绪，提高自我组织和管理能力，这也正是本研究的意义所在。

与工作自我有一个接近的概念是工作记忆，工作记忆指个体在认知过程中暂时储存与操作信息能力，它犹如"思维的黑板"提供界面，个体可以暂时放置信息，建立信息间联系，或者加工转换成新信息，例如，工作记忆允许记住电话号码、完成心算和计划安置事情，而这些处理和加工过程通常在秒级时间内完成。短时记忆是工作记忆的子系统。黑克林（K. Hinkley）等认为工作自我是工作记忆的一个拓展概念，在各种层级结构中形成工作记忆，进而控制操作过程的一个子集。

促使当下自我发挥作用的另一个关键词是自我定义记忆（self-defining memories），到目前为止，国内少有研究。自我定义记忆概念的灵感来自森格（J. A. Singer）和莫夫特（K. H. Moffitt）的一次实验，当他们设计实验研究记忆与人格的关系时，发现许多被试单独回忆具体内容比回忆混合事件体验到的不愉快情绪更强烈，因此他们猜想有一种特殊的具体事件记忆，当回忆时与情绪有关。其实关于记忆中的具体事件与一般事件，只是记忆信息的提取方式不同而已，一般性事件回忆是语境信息提取方式，具体事件回忆是细节提取方式。森格和莫夫特进一步借用具体化和一般性事件两层记忆模型设计实验，结果发现 506 名被试的回忆内容中，78% 的回忆内容为具体的事件，一般性事件占 22%，并且回忆具体事件时情绪记忆比例很高，明显影响当下认知评价和未来生活动机。加之这种记忆与自我同一性密切相关，他们随后将自传体记忆中这种具体事件记忆称为自我定义记忆，"生动、充满情感和更准确定义'我是谁'的记忆，与个体生活中未解决的冲突或持久的关注点密切相关，与相似记忆相连，具有不断重复的特点"[1]。正因为这种记忆集具体情节线索和抽象概念主题等因素于一体，集记忆、情绪、目标、动机和自我于一个具体的生活语境，而且维系自我过去、现在和未来同一性，所以森格和桑乐威（P. Salovey）将其表述为"它将个体的关注点、动机和关系表征为一个瞬间意象，成为一个内在个体原型"[2]。

自我定义记忆有三个主要特征。其一，独特性。这也是自我定义记忆最突出的特点。这些记忆专属个体，个体对记忆有独特的视角、独特的定义、独特的感受。受难者对自然灾难有刻骨铭心的记忆，也有生动和强烈的情感反应，但这些记忆是公众记忆或闪光灯记忆，并非个体独有。自我定义记忆经常与核心目标一起形成"人生主题"或生活目标，决定行动方向，对人生有积极指导作用。其二，生动性。自我定义记忆有强烈的视觉

---

[1] J. A. Singer, K. H. Moffitt, "An Experimental Investigation of Specificity and Generality in Memory Narratives," *Imagination, Cognition and Personality* 11 (1991): 251.

[2] J. A. Singer, P. Salovey, *The Remembered Self: Emotion and Memory in Personality* (New York: Free Press, 1993), p. 296.

感知特征，它存储着大量与自我相关的经验，主动筛选出重要的关注点，不断将与关注点相关联的记忆滚包起来，越滚越大，越滚越浓，相似的关注点、情感反应和目标等逐渐囊括其中，并且重复播放，鲜活生动地重现当下，历历在目。部分记忆形成自我图式，主动参与互动，同时影响其他认知图式。由于自我定义记忆触及个体最重要的关注点或未解决的冲突，如没有回报的爱、人际冲突、成功和失败、洞察力和醒悟时刻等，积压着更强烈和更持久的情绪反应。这些情绪有积极和消极两种效价，包括自信、动机、敬重的、令人愉快的、超越的、乐观的、创造的、高兴的、难过的、生气的、害怕的、奇怪的、羞愧的、厌恶的、有罪的、兴趣的、尴尬的、鄙视的、自豪的等。其三，动机性。一项研究结果表明，98%自我定义记忆与个体努力奋斗有关。① 自我定义记忆与个体核心目标相关联，能协助个体筛选出生活中重要和有意义的事情，协助个体进行各种意义建构，同时这些记忆能努力避免不良结果发生，这也是与普通记忆不同之处。自我定义记忆包括情节的连续性和转折性，情节转折蕴含了意义建构；记忆中的冲突强迫个体去思考与平衡冲突面，这是意义建构过程；个体将过去真实生活经验精华、现在的想法和对未来的目标、行动整合成一个有意义的整体，这也是意义建构过程。自我定义记忆指导当下的生活，肯定生命意义，开拓未来发展方向，集中体现自我在时间上的一致性和连续性。

　　自我定义记忆是个体人生中最鲜活、最重要的一种自传体记忆，它是最核心、最生动的自我表征，与自传体记忆显著的区别是有很强的生动性、高重复性和强烈的情绪性，自我卷入（self-absorption）程度非常高，具有更强的个性化和独特性。汉斯（R. K. Hess）通过皮肤电位和心率生理指标进一步区分自传体记忆和自我定义记忆，实验结果表明消极自我定义记忆引发的皮肤电位和心率均比消极自传体记忆高，因此自我定义记忆具有更高的情感唤醒水平。自传体记忆是自我依赖抽象水平的操作，将经历的事件、解释、评价等整合成个人史，虽然包含感觉信息、情节记忆和语

---

① K. H. Moffitt, J. A. Singer, "Depression and Memory Narrative Type," *Journal of Abnormal Psychology* 103（1994）.

义记忆等，其主要还是反应自我的概念化知识。

如果单从记忆所伴随强大情感冲突和内在动力来说，古典精神分析学派提出的情结概念与自我定义记忆概念有相似之处，而且均体现主体独特拥有。但是情结产生的根源是潜意识冲突，如早期道德冲突，心理冲突等，并且往往具体化为痛苦、害怕等情绪表现，当个体无力面对时，情结作为心理防御的应激反应出现，所以情结是变形的消极意象。而自我定义记忆是基于意识层面的事件，主体以是其所以然的状态回忆，不只是冲突，也有积极情绪和意义，尤其突出自我在时间上的一致性和连续性等主体特性。

总之，当下自我以工作自我和自我定义记忆两种结构形式组织、管理和协调心理空间各种元素相关关系，使外界刺激不断整合和统一，两者参与的认知机制将在第四章详述。

第五节　心理空间的结构：拓扑结构

将事物有序化和结构化是人类认识事物的基本手段，笔者结合大量研究发现，研究者通常用一维空间、二维空间、三维空间或多维拓扑空间等各种类型认知模型表征一个概念体系，其中越具体或者越抽象的事物，通常用一维空间表征，次级具体事物倾向于用二维空间表征，大量的情景事件或情景记忆更多用三维空间和拓扑空间，被表征对象从具体再到抽象，表征结构呈倒 U 形（见图 2-7），这也是对佩维奥（A. Paivio）的双重编码理论的细化。

一　一维线性特征：认知的映射生成

从图 2-7 可以看出，一维线性心理空间表征特点是认知集合和映射，被表征对象包括离散与部分连续性数量和离散语义两方面内容，分别位于倒 U 形两端。德汉（S. Dehaene）等人提出心理数字线概念（mental number line），[1] 通过实验证实了小数心理表征排在左侧，大数心理表征排在右

---

① S. Dehaene, J. P. Changeux, "Development of Elementary Numerical Abilities: A Neuronal Model," *Journal of Cognitive Neuroscience* 5 (1993): 399.

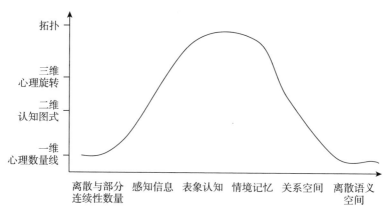

图 2-7　被表征对象与表征结构关系

注：横坐标表示表征对象从具体数量到抽象语义的过程，从离散性到连续性再到间断性的过程。纵坐标表示心理空间从一维到拓扑四种形式。

侧的现象，在心理数字线上相邻数量之间的距离随数量的增大而减少，距离的变化以对数形式递减。这一概念为数量提出了心理空间表征模型，即一维线性特征与客观数量存在映射关联，而且这种映射对于离散性事物还是连续性数量均有同样的效应，如图形大小、符号大小、亮度、音高和角度等。曼克瑞克（K. McCrink）等的许多实验进一步发现，成人做加法运算时对数量表征倾向于心理数字线右侧，做减法运算相反。[①] 大量研究进一步证实人和其他灵长类动物自然地把数量和其他连续量映射到一维空间的心理数字线上。其实心理数字线是心理距离的一种，此外，心理距离还包括时间距离和社会距离，时间距离是人与事的距离，两者相距时间越近，则心理距离越近。社会距离指因角色产生的人与人之间距离，影响个体的亲疏关系，社会距离越近越亲密，和谐性越突出。心理距离的一维表征不仅有客观标准，而且鲜活的情感因素常常参与评判，标准非常灵活，因人而异。

　　此外，倒 U 形图的另一端语义空间也体现了一维线性表征特点。为了表述抽象概念的形成过程，许多研究者建立系列概念集或认知模型，以解

---

① K. McCrink, S. Dehaene, G. Dehaene-Lambertz, "Moving Along the Number Line: Operational Momentum Innonsymbolic Arithmetic," *Perception and Psychophysics* 69 (2007): 1329.

释概念形成过程的内在表征，这时概念与心理空间或认知模型的映射，都是对应关系，假设外在的事物可以在内在找到相对应部分，因此，大多数一维线性映射是一对一关系映射。最早提出心理空间理论的福柯尼尔，他基于映射理论说明概念合成。首先，他强调语言的使用过程是大脑不断建构各种认知域的过程，这里的认知域就是心理空间，是概念集。当人们思维及意识流动时，总是体现为从一个概念集到另一个概念集，就像从一个心理空间到另一个心理空间。为了更好地分析语言意义产生过程，他又将心理空间分为输入空间Ⅰ、输入空间Ⅱ、类属空间和合成空间四种，四种空间通过跨空间映射对应连接，两个输入空间可以有选择地将各自的意义投射到合成空间，由合成空间通过组合、完善和扩展等进行在线意义提取，完成概念的合成。心理空间因在概念形成中的作用不同，其结构又分割成不同半自主区域，如源域空间、目标域空间和整合空间等，进一步分析和整合这些区域之间的关系。

莱考夫（Lakoff）理想化的认知模型（Idealized Cognitive Models，ICM）的内容核心是心理表象，与福柯尼尔的心理空间一样都是概念集的表征，加之也有映射的意义，所以在此进行比较。莱考夫在著作《女人、火与危险事物：范畴显示的心智》刚开始就使用"mapping"一词描述概念关系，[1] 从认知的角度将其理解为映射，即从始源域到目标域的隐喻转换，人们就可通过较熟悉的身体经验迁移来理解抽象知识，而且将始源域和目标域归为有相互联系的概念范畴，因此，人类可以依赖身体运动和格式塔感知将概念范畴化。他进一步用理想化认知模型诠释概念，该模型是人们基于特定文化背景的经验和知识，对概念进行抽象、统一、理想化理解时形成的相对稳定的认知结构，这种认知结构是形成知识系统的基础。因概念有层次之分，许多认知模型形成认知模型集（又称集束模型），建立复杂格式塔认知模型。例如认知模型包括基本认知模型和复杂认知模型，前者指空间、时间、颜色、温度、感知、活动、情感等最基本的认知模型，后者包括较为复杂的模型，或者是几个基本认知模型的组合。莱考夫的理

---

[1]　乔治·莱考夫：《女人、火和危险事物：范畴显示的心智》，李葆嘉等译，世界图书出版公司，2017，第5页。

想化认知模型具有人类与外界互动形成的体验性、各构成部分相互激活和填补缺省的关联性、整体结构的完形性，而且具有心智活动的内在性。每一种理想化认知模式都是一个复杂的结构化整体，都是一种心理空间。

莱考夫概念隐喻理论与福柯尼尔的概念合成理论有相同之处，都包括概念的认知结构的动态映射。福柯尼尔的概念认知结构就是心理空间，这里的心理空间不是语言的组成部分，也不是语法的组成部分，而是人们在交际过程中所建立的临时性动态概念集，或者是承载语言的意义集，随着交流的需要，心理空间不断分割和细化，由此可见福柯尼尔的心理空间有形式空间之意。莱考夫的概念隐喻以具身认知为基础，借助心理表象进行概念隐喻，例如，最高概念可以用单一精神图像（mental image）表达，可以用身体动作与之互动。这时心理空间就是概念隐喻的一部分，体现心理空间的认识论。二者的动态映射是概念域之间产生意义、加工意义和迁移意义的过程，因此这些映射有条件性和制约性。福柯尼尔映射依据言语变化不断进行合成或分解，不断生成新的概念，及时建构言语意义。而莱考夫的映射以约定俗成的概念关系为前提。总之，无论是莱考夫还是福柯尼尔，强调语义概念结构化特征，接近命题式的心理空间建构。

二 二维平面特征：认知的产生过程

二维平面特征由具体到抽象依次为认知地图、认知图式和意象图式。最具体的二维平面是认知地图，许多学者定义认知地图为在头脑中产生的与客观现场图类似的模型，最早是由美国心理学家托尔曼（E. C. Tolman）根据动物实验的结果提出的，动物并不是通过尝试错误的行为获得一系列刺激与反应联结，而是通过脑对环境的加工，为达到目的建立起一个完整的"符号—格式塔"模式，这就是认知地图（cognitive map）。它是局部环境的整合表象，不仅包括事件的简单顺序，还包括方向、距离和时间关系等。此理论对地理心理学研究起到一定的作用。20 世纪 60 年代地理学家结合认知地图整体结构、类型、构成要素以及认知地图与实际地图关系，先后提出网络结构理论、等级理论和局部等级理论假设解释认知地图整体结构。艾泊德（D. Appleyard）通过研究发现了顺序型和空间型两种认知地图类型，其中顺序型以道路导向为主，而空间型以区位导向为主。20 世纪

80 年代开始随着信息加工理论的加入，认知地图理论体系经历了由静态向动态的转变，研究者提出认知地图实质是认知映射，即包括获取、编码、存储、解码和使用外部环境信息的动态过程。上述思想可总结为两种不同的观点。第一种是模拟观点，该观点认为认知地图是真实环境的复制品，与物质环境一一对应，似乎是一幅贮存在头脑中的环境图像。第二种是命题观点，该观点更加强调信息贮存，也就是说客观环境符号化为互相联系的概念时，每一种概念都会引起很多联想，如颜色、名称、相应的声音、高度等，人们借助于命题网络从记忆中寻找各种联想。此理论对抽象概念理解起到重要的作用。

认知图式（cognitive scheme）是最典型二维心理空间表征，也是皮亚杰发生认识论中的一个重要概念。[1] 皮亚杰定义认知图式为动作的结构或组织，这些动作在类似的环境中由于重复而引起迁移或概括，因此主体对于某类活动形成相对稳定的行为模式或认知结构。他把图式分为初始图式、初级图式、高级图式等不同的发展水平。初始图式是遗传性图式或反射图式，初级图式指感知—运动图式、习惯等，高级图式指运算图式、智力图式、思维结构等。图式不仅是主体认识事物的前提和基础，是主体认识事物的形式和智力手段，而且是对动作经验的保持。皮亚杰发生认识论包括图式、同化、适应和平衡几个关键词，其认知理论不仅为认知产生理论，而且为大量认知结构研究提供了思路。随着语言的使用，认知图式在人们现实生活中显现出重要的意义。目前人们对世界的认知，包括对客观世界和人类社会的认知，往往通过一定的图式（schemas）来进行，用图式等相关的语言形式来表述认知的结果。比如重量是对事物的一种衡量，是从"物体受到重力的大小"方面来把握事物。但是，人们也借用重量把握非物质性的事物，如"情意重"之"重"表示程度深，"身负重任"之"重"表示重要，"重男轻女"之"重"表示重视，"老成持重"之"重"表示不轻率。重量就是一种图式，人们借此把握非物质性的事物，并进而用"重"表达认知结果。各种图式来源于生活经验，在使用语言的过程中无意识地建立和发展起来。

---

[1]　石向实：《论皮亚杰的图式理论》，《内蒙古社会科学》（文史哲版）1994 年第 3 期。

关于意象图式（image-schema），莱考夫和约翰逊等认知语言学家都曾提出，其并非抽象符号与客观物质世界直接对应的产物，而是人类想象的结果。他们在研究中发现，人类的概念形成往往借助于"意象图式"（image-schema）来实现，包括"容器图式"（container schema）和"部分—整体图式"（part-whole schema）等。所有这些图式都是有意义的符号，均产生于人类的感知—运动（sensory-motor）经验并由此获得意义。塔尔密（L. Talmy）提出了"力量—动态意象图式"（the image schema of force dynamics），他认为力对物体产生移动、克服阻力、越过障碍等影响所形成的意象图式在人们认知和语言的形成过程中起着核心作用。

二维平面的相关理论大多数强调人与事件关系认知过程，在认识外界事件时，这种平面坐标关系图式无疑提供了一个形象的假设，有其进步意义。人们可以从中"看到"相应的认知机制与规律。再就是提到先验性和经验性两种认知范式，如康德的认知观念、皮亚杰的发生认识论均假设空间的范畴是先验的。托尔曼的符号—格式塔理论中的认知图式是环境习得的结果，其中有位置学习和潜伏学习。但是部分观念需要进一步思考。其一，二维平面只能描述简单的认知过程，就像各类地图一样，描述地点和路径，一些复杂的认知思路无法呈现。其二，无法体现人与人丰富且动态的关系图式，其纷繁庞杂而又若隐若现，仅仅使用平面图式进行描述无法穷尽。其三，无论是认知图式还是认知地图，都可以称为关系图式，那么在此类型心理空间中何为解构和建构的核心依据？大多数学者认为因果关系是核心，因为大量的实验证实，如果没有因果关系，经验不可能纳入心理空间中，碎片经验将流失，这时心理空间逐渐僵化或枯竭。如果因果关系被摧毁，个体无法组织经验进行意义建构，这将是心理病理性产生的基础，其实心理空间不只是因果关系，其中也包括相邻关系、相似关系，甚至包括对立关系和差异关系。所以，二维平面心理空间不是理想的认知模型。

三 三维立体空间：认知的存在状态

三维立体的心理空间如何？最能体现三维立体空间心理表征的是斯泼德（R. N. Shepard）的心理旋转实验和科斯林（S. M. Kosslyn）的心理扫描

实验。科斯林提出的视觉缓冲区类似于心理空间，是清晰的非语言形式。该区域与视网膜的视觉区域同构，存储着具有简单描述特性的视觉信息，当缓冲区产生视觉空间感知时个体才能体验到图像。可见心理旋转或心理扫描是假设心理空间存在前提下的一系列心理操作。但是当个体身体运动，或者转换思维认识事物时，就需要进行想象性空间运动，即进行心理空间转换（mental spatial transformation），因此，它是处理空间逻辑推理时的认知能力。心理空间转换有基于物体空间或自我中心视角两种参照系形式，两种转换是否共用相同的加工机制？不是，每种形式都有自己的加工模式。双分离模型实验证实，基于物体空间的心理旋转是大脑右侧优势，右顶叶皮层的激活更大，基于自我中心视角的心理空间转换是大脑左侧优势，左侧颞叶皮层的激活更大，而且实验表明自我中心视角转换策略使个体的认知效率更高，反应时间更短，正确率更高，所以实验证实人们平时更多使用自我中心视角转换，将自身参照系投射到外界，操作身体图式，这一过程也是具身化表现。依据具身转换说（enbodiment transformation account）理论，[1] 这一过程存在姿势仿真和运动仿真两方面，当个体视觉感知到姿势或运动后，神经系统模仿外部视觉信号进行输入，以一种外源性的运动代入，接着转换为自发内源性代入，最终实现心理表征。

在哲学与语言学领域也有三维立体语言空间、概念空间和语义空间，如著名语言学家莱维斯（Stephen C. Levinson）在其《语言和认知空间——认知多样性探索》中对多种语言和文化中的认知模式进行探讨，确认语言和认知空间之间存在强连接，空间配位系统（spatial coordinate system）是空间认知的概念基础，是探寻语言和思维之间、语言符号与非语言范畴之间关系的认知域，可以运用这一系统探寻语言与思维等之间的本质关系。当代瑞典哲学家、逻辑学家哥登弗斯（Peter Gardenfors）结合计算机模拟、神经网络模拟，从认知科学视角提出了使用几何结构的方式表明神经元间相似关系，他把这种方式称作"概念形式"，表明信息可以呈现于概念层次，并可以基于一些质的纬度构造信息的几何结构。哥登弗斯把这样的几

---

① 赵杨柯、钱秀莹：《自我中心视角转换——基于自身的心理空间转换》，《心理科学进展》2010 年第 12 期。

何结构称作"概念空间"。在他看来，概念空间是以数学的方式展现的，与纯粹符号和联想的方式相辅相成，共同构成了认知科学中的表象形式。他提出这个概念空间的目的是用"更为自然的方式"表现认知活动中的神经机制，为认知哲学模型研究奠定基础。

巴尔斯的剧院模型（theater model）也称全局工作空间理论（global workspace theory），堪称三维心理空间的理想模型。他将视角聚焦于剧院的一场演出，其中舞台、聚光灯、前台、后台等静态物理环境，台上、台前和台后演员，包括导演和观众等人物中的任何一个元素都可以与意识空间中相应的元素相匹配，舞台上的演员是意识的核心，在聚光灯下的演绎就是演员所经历的意识经验，后台作为意识体验的情境，随时在导演的调控下进入前台演出，而台下观众成为默默的无意识加工处理器。通过这种隐喻，他将意识和无意识空间领域形象地呈现出来，描绘出了生物领域下大脑所进行的繁杂意识活动画面，将动态且立体的意识活动清晰地呈现在人们面前，极大地推动了意识研究发展。之后许多研究者提出了神经网络模型和意识的场理论，这些都是在三维立体空间的形式下进一步诠释意识空间的思想。但是这些理论无法解释一些现象，如意识的多变性，当个体头脑中的意识变化时，当有的瞬间意识甚至无法体现完整的剧场形式时，意识剧场无法展现。再就是该理论主要针对当下的意识片断情境，过去和未来的经验并未谈及。

结合以上相关的三维立体几何空间可以看出，这些理论主要强调心理空间产生的神经机制，而且都提到认知机制的动态性和灵活性，有其进步意义，但是无法体现认知机制和神经机制的共时性、容错性和动机性，更无法全面体现以自我为中心的主体性特征。

四 多维拓扑空间：认知的变化和共时过程

基于以上一维线性、二维平面和三维立体心理空间特征发现以下三个相融点。其一，依赖一定的参照框架，是以物体或环境为参照还是基于自我中心视角。如果以物体或者环境为参照系，则心理空间表征是持久和稳定的，如果以自我为参照系，因自我是动态的，所以心理空间表征是瞬时性的而且是不断更新的，前面已提到两者各有优势。此外，认知方式因人而异，部分个体更多依赖物体或环境参照，较多参照周围事物思考问题，较多依赖心理空间的信息，表现出"场依存性"特质。部分个体更多以自我为参照，表现出"场独立性"特质，因个体依据的信息来自内在，所以对信息的认知重组等表现出积极主动性。其二，均是离散性心理空间表征。上述所有理论均立足于认知的不同阶段和特点，或者从认知过程，或者从认知状态，或者从认知机制，体现理论上的离散性。再就是时空上的离散性，如有的侧重当下瞬间的状态，有的侧重纵向时间段，导致依据不同，无法全面阐释认知机制的概貌。其三，均体现清晰性。一维空间、二维空间和三维空间是人们可以直接感知的空间，其中一维空间有一个自由度，二维空间有两个自由度，三维空间有三个自由度，不仅可以旋转，而且在空间的每个位置，都有同向自由度，其中每个理论都希望借助于明喻或暗喻，清晰表达一个完整的意象，但是心理空间中许多认知本身是模糊和多元的，是不断建构的体系，差异性和异质化是其常态，仅仅借助现有三种维度空间无法体现这些心理现实性，因此，笔者提出通过拓扑结构来进一步说明心理空间结构。

五　拓扑结构的几何学论证

如果从数学角度探讨空间，有多种表达方式。一是用线性函数表示物质的空间，表达式为 $y=a_1x_1+a_2x_2+a_3x_3+\cdots+a_nx_n$，上述的 x 为空间元素，n 为空间维度，a 是建构函数的常数，显然，一对一的线性平面空间无法表达多重性且立体化的心理空间。二是用指数函数表示几何空间，表达式为 $y=L^D$，L 表示空间元素，D 取自然数 1，2，$\cdots$，表示空间维度，这里所表达的几何概念主要是欧几里得几何，是建立在理性和逻辑推理下的定理，是对物理空间直观位置和联系的表述。但心理空间的多变性和多元性无法在此基础上探讨。三是用射影几何表示空间关系。射影几何是通过视觉反映事件空间关系的一种几何表达方式，与欧几里得几何相比有其优势，比如将几何图形伸向了无穷远，更加体现逻辑意义的几何图形等，尽管射影空间将空间视野拓宽至更加宏观的领域，但是其仍然是平面上的延伸，无法全面立足于立体空间，更无法体现共时性和差异性等特性，拓扑理念却能体现连续性、共时性和包容性，因此，笔者试图从拓扑学角度来进一步说明心理空间由整体到局部再到整体的特性，其中有自我拓扑不变性的觉知。下面将从数学学科角度探讨心理空间的拓扑结构何以可能。

什么是拓扑特性？大多数学者用橡皮膜来说明，即不把橡皮膜剪开或不把膜任意两点粘起来的前提下，当橡皮膜任意变形时，所保持不变的性质和关系就是拓扑特性。再如三角形变成正方形、圆或其他任意图形，只要不把其中任意部位剪开，其中的连通性是保持不变的，这里的连通性就是拓扑性质。拓扑是几何属性，特指在连续变化中保持不变的几何性质，即变化中的共性。拓扑空间在点集拓扑中的定义如下。设 X 为一个非空集合，x_i 是 X 的一个子集族，如果满足下列条件：

（1） X，$\varPhi \in x_i$

（2） 若 A，$B \in x_i$，则 $A \cap B \in x_i$

（3） 若 A，$B \in x_i$，则 $A \cup B \in x_i$，

则称 x_i 为 X 的拓扑。

以上三个条件有时简化为两个条件：

（1） x_i 为任意成员之并仍为 x_i 的成员

（2） 如果 x_i 为集合 X 的拓扑，则称偶对 $(X，x_i)$ 为拓扑空间，或称 X 为相对于拓扑 x_i 而言的拓扑空间，x_i 的每一成员称为拓扑空间 $(X，x_i)$ 的开集。[①]

依据该定义，心理空间确有拓扑特性。在心理空间内部各个元素均有不同程度的差异性，不是所有元素都相互关联，因此可定义一个空集 $\varPhi$，在具身空间和自我的组织和管理下，心理空间的任何一个元素 A 或者 B 相交和相并后，仍是心理空间的元素，这样才能保证自我的同一性和连续性。因为心理空间本质是关系空间，部分元素负责一种功能，另一部分元素负责其他功能，当每个功能结束后，又与其他元素联系起来，负责另外的功能，总之，无论元素之间如何组合和并列，都是在自我的统一管理下，形成内部一致性。可见心理空间符合拓扑结构化特征，它不是静止和永恒的唯一结构，而是处于不断变化之中的。

---

① 熊金城编《点集拓扑讲义》，高等教育出版社，1986，第39页。

六　拓扑结构心理发展视角论证

格式塔心理学家在知觉的研究道路上已提出了整体大于部分之和的著名论断，他们特别强调视知觉的整体性，视觉中何种特性对人们的知觉有如此大的影响？是拓扑特性。如果立足于心理发展视角，无论从个体的早期心理发展，还是认知过程的初始阶段——视觉，都有心理空间的拓扑特性存在。

目前，知觉过程的拓扑特性最显著，因为知觉具有一定的特殊能力，超越了外界信息的感觉登记范畴，不再局限于视网膜上形成的二维信息，而是体现出多维性、流变性和整体性本质特征，陈霖通过拓扑性质知觉理论证实这种特殊能力的存在，这种特殊能力就是人类的拓扑能力。首先，他提出拓扑性质是人类早期知觉，这里与皮亚杰的观点相同。皮亚杰通过实验证实儿童的空间认知发展顺序是从拓扑空间到射影空间，最后才是欧几里得空间，拓扑空间是儿童最初的直觉，是其他两种空间形式推导的基础，是最稳定的几何图形，也是最低级的空间形式，只含有内、外和邻近等最基本的形状属性，儿童早期看到的物体特征是包容、连续和接近等，而不是直线、平行线和角度等度量特征。对空间物体定位参照是从自我参照框架到其他参照框架的发展过程。其次，关于知觉拓扑性特征，陈霖认为"知觉组织拓扑性的核心是知觉组织，应该从变换（transformation）和变换中的不变性（invariance）知觉的角度来理解"[1]，即知觉组织的大范围性质可以用拓扑不变性描述，例如图形变形时连通性和洞的个数保持不变，并且由拓扑性质决定的整体组织知觉优先于局部性质知觉，是局部几何性质的基础，视觉系统就是依据这些拓扑不变性质和整体与局部关系进行图形与背景辨别。他通过实验证实了视觉对拓扑结构的觉察非常敏感，实验材料是实心圆和实心方块、实心圆和实心三角形、实心圆和空心圆三组刺激图形，在每个图形 5ms 的间隔速示条件下，要求被试辨认每对刺激是否相同。尽管三组图形是不一样的图形，但拓扑结构有差别的实心圆和空心圆这对图形辨认率最高，与其他两对图形形成显著差异，也就是说，

---

[1]　Lin Chen, "Topological Structure in Visual Perception," *Science* 218 (1982): 699.

如果拓扑结构发生变化，则产生新物体，相反，则没有产生新物体，因此他用拓扑变换中的不变性来定义"知觉物体"，似动现象也是他论证拓扑性存在的实例①，这些均得到认知神经科学的证实②。心理空间中大部分体验到的是视觉拓扑意象，这是因为 70% 的感知来自视觉。实验心理学不仅证实视觉存在空间拓扑性，听觉、味觉及躯体感觉同样具有拓扑特性，通过拓扑空间，人们体会到与外界融合和疏离，体验着心理过程的传递。

七 拓扑结构的心理内容视角论证

许多关于拓扑性质的相关研究也给了心理空间研究很大启示。在心理空间中，类似、因果关系和时空关系也是关键的元素，接下来尝试探讨它们与拓扑的关系。证实一种关系或类概念是否具有拓扑性，首先要探讨关系或概念内部是否满足同时性这一基本要求。关于上述元素，先引入休谟相异的思想，即因为因果关系具有历时性，原因和结果不具有同时的空间定域性，即使是类似性知觉也不具备同时性特点，因为大众的普遍观念中经验世界完全是一个离散和瞬间的心理快照，这些关系不符合同时性条件，所以无法谈及拓扑特性。但是康德从现象学的视角，说明了原因和结果是可以拓扑结构化的现象实体。由于现象实体的状态变化是连续的，这种连续性的时间规则中有空间拓扑结构性的不变性，因此，因果关系同样可以纳入拓扑结构中，这也正是心理空间拓扑性的核心所在。

大多数精神分析学者所理解的空间不是充满物体的苍穹，而是连接物体的普遍能力。他们从各自的路径出发，探索心理空间这一神秘内在大陆，其中无意识需要依靠想象推理才能把握，而在推理过程中大多数学者用拓扑结构解释。弗洛伊德首先假设个体的心理犹如冰山拓扑结构，所包含的意识与无意识处于动态变化中。他将意识解读为语言、因果逻辑关系、价值和结构，将无意识解读为源于欲望、冲动、感觉和情感，构想了

---

① Lin Chen, "The Topological Approach to Perceptual Organization," *Visual Cognition* 12（2005）: 697.

② Yan Zhuo, et al., "Contributions of the Visual Ventral Pathway to Long-Range Apparent Motion," *Science* 299（2003）: 419.

无意识的认知机制、防御机制和性的意义三大理念。^① 其实，意识和无意识中的每个概念如本我、自我和超我与防御机制都是借助拓扑表征解释人的心理现象，如"压抑""防御""固着""梦空间""解析"等空间拓扑类词频频被提出。精神分析过程具体所描述的体内过去感知痕迹对当下的影响，性冲击在口、肛门、生殖器官的分布，能量的聚焦和流动性等也是拓扑特性。弗洛伊德理论中的拓扑结构并非其本人提出，而是后人提出，而且也没有论证拓扑可能性。在弗洛伊德之后，拉康运用拓扑解释理论，将无意识与意识两部分发展为主体认知的实在界、符号界和想象界，用拓扑学描绘三界的关系。^② 首先他用莫比乌斯带的拓扑性质，将心理空间分为外在与内在两部分，体现内外相互转化的复杂关系。他用莫比乌斯带诠释了诸多概念，如欲望，虽然引发欲望的某个确定对象不属于符号界，但因其引发了欲望，也可以凭借缺席构成能指链，这样可以满足欲望的客体，围绕着这一特殊对象不断运转，主体就如在莫比乌斯带上一样在能指链上持续位移，寻找欲望的对象，但永远无法满足。因此，莫比乌斯带的拓扑结构可以表示相互矛盾又相互依存的对象。其次，拉康还提到克莱因瓶和交叉帽拓扑图形，克莱因瓶仅有一个平面，是一个有入口没有出口的拓扑图形，就像语言空间一样，主体沉浸其中又无法摆脱语言影响。最后，在拉康思想发展后期，他对拓扑结构的使用从面转移到结点。这种转移不仅意味着理论的更新，更是临床心理干预实践的加入。他进一步结合波罗米纽结拓扑图式说明。波罗米纽结的三环分别对应想象界、符号界和实在界，三个环交叉，相互关联，相互依靠，中间有交融处。三个环没有任何优先性，解开任何一个，其他两个环就会松散。对象处于三环交叉位置，属于实在界，但在想象界也是主体所认同的虚像，赋予主体以统一性和协调性。在符号界，该对象是欲望之因，引发主体在能指链运动。拉康在他的理论中表述的每个界代表一个心理空间结构，其中拓扑空间的恒量和关系不变性，正是实在界真实现状描述。

---

① 西格蒙德·弗洛伊德：《精神分析引论》，高觉敷译，商务印书馆，1984，第80~86页。

② 汪震：《实在界、想象界和象征界——解读拉康关于个人主体发生的"三维世界"学说》，《广西大学学报》（哲学社会科学版）2009年第3期。

关于拓扑学的应用，北京师范大学江怡教授在关于哲学的拓扑研究中提到"概念空间""逻辑空间"概念，他在《如何从拓扑学上理解哲学的性质》一文中，尝试从拓扑学的角度理解哲学的性质，探求哲学概念的恒常性质，他认为从性质上看，拓扑学是一门关于拓扑空间变化的学问，讨论的是空间变化中图形具有的不变性质。这与哲学研究的性质具有很高的契合性。哲学中每个概念的存在都不是孤立的，对概念的把握和理解往往是通过与其他概念之间的相互关系而完成的，每一个概念都具有决定其存在位置的邻域关系，即概念之间的关系决定了每个概念的地位和作用。哲学概念的拓扑性质就是指概念之间的这种空间关系，即概念与概念之间有一种极限的联系和连续性质，这种极限联系和连续性质形成了概念之间的拓扑空间，这样的概念关系必定处于拓扑空间之中。概念的拓扑空间也是一种逻辑空间，即一个命题的活动空间，在否定的意义上，它限定了其他命题作用于这个命题的自由，在肯定的意义上，它则规定了这个命题得以活动的空间，以上诠释表明，哲学概念确实具有拓扑特性。

由此可以看出，心理空间中无论关系还是任何一个概念或命题，时刻处于关系中不断转化，其本质并非由自身决定，而是在相互关系中体现出来。但是在任何的动态关系中，每个元素又如"提修斯船"上的船板一样，特性不会因为组成基本材料变化而变化，因与相邻关系的连续性，自身也有拓扑不变性，始终保持语境同一性。

八　心理空间的拓扑结构特性

基于上述拓扑的相关研究可以看出，心理空间确实存在拓扑特性。既然心理空间是拓扑性质的表征，应该有其区域、边界、方向和位移等关系性特征，本研究尝试结合相关理论诠释其拓扑结构现状。心理空间有两个重要的元素，即区域和位移。个体所在之处、运动之处等都可以作为一个区域，每种思维也是一个区域，区域分化有的是清晰的，有的是模糊的，成人较儿童清晰度高。区域之间有分层，有的是核心区域，有的是边缘区域，有的是连通区域，即其中每个点都可以与其他区域的每个点相连通。当一个区域经过连续变化，区域内任何一个点都发生变化，并没有改变区域内的连通关系时，区域之间产生拓扑等价。从一个区域到另一个区域是位移，谈话所获得的知识或信息是位移，独自思索过程也是位移不断变化的过程。位移所经路径非常繁杂，有的是人生必须经历，有的可以选择；有的是自主选择，有的受外界影响；有的位移快速发生，有的缓慢曲折进行。可见，这里所描述的区域和位移已经不是物理意义上的，而是心理区域和心理位移，有很强主观性。

每个心理空间都是一个认知语境，可以是语言的、模型的、图像的和心理的等，也可以是过去、现在和未来三个时段的定向行为，每个概念、命题以及由命题组成的理论体系都有其语境，先前的理论构成后继理论的语境，它们的语境就是它们的语义域或意义的限制边界，由认知语境的区域性和边界性定义心理空间的区域和边界。每个心理空间在自我的组织和管理下，将感知、情境和语义三种类型的空间连通形成共同体，以整体状态与邻近语境互动，突出自我的意向性和特定主题。心理空间之间是包含、并列等几何关系。如"在图书馆学习（A），接到电话要求马上完成一件事（B），走出图书馆（C），朝向办事的方向走去（D）"，可以看出这段话有四个语境，分别对应 A、B、C 和 D 四个心理空间，它们之间是并列关系，显然每个事件就是一个区域，各自有清晰的边界。其实心理拓扑空间经常受个体意图、情绪和行为等内因影响，又会受社会和环境等外因干扰，进而产生生理需求（饥饿、冷热等）或认知需求（如意向、愿望等），这些成为各空间产生位移的动力，自我将依据这些需求确定目标，设计达到目标的认知模式和途径，因而可能和不可能的事件都在心理空间演变和转化，所以心理空间经常处于不断分化之中，所分化的区域又可能再次分化。如在图书馆学习 A，目标或意向是 G，学习过程中思维从哲学语境下的某个心理空间 A_1 开始，需要经历心理学语境下的 A_2 和某个哲学语境下的 A_3，最终达到心理空间 G。其中每个空间都有自己的区域和边界，从 A_1 最终移动进入 G，产生心理位移。A_2 和 A_3 称为边界地带，如果没有经历则可能成为阻碍。在位移过程中思维有可能跳跃至一个生活事件 S，并且 S 与 A_2 有交集（见图2-8）。本研究运用拓扑结构表达心理空间是一种新的表达方式，视觉化了其中各种关系，其中包括能言说的和不能言说的。从形式来说，心理空间可以分界，但各界之间相互关联、相互影响，从内容来说，可以体现有因果关系的元素，也可以是不同认知层面的内容，无论形式还是内容，拓扑空间内总是相互关联，连续性或者不变性是其核心特点。

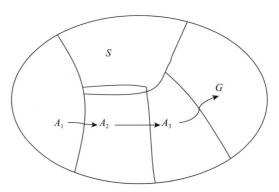

图 2-8　心理空间 A 中各部分空间的关系

　　总之，心理空间的发展从集合、平面空间、立体空间到拓扑空间，呈现了"线—面—体—拓扑"历史发展路径。从以上的心理空间相关研究中可以看出，无论是概念空间、逻辑空间，还是网络思维，无论是立足于概念的研究，还是立足于认知结构和内容的研究，都在尝试从平面视角说明认知存在的可能性，但是这些研究仅停留在论证存在一个认知轮廓图，没有进一步论证内部的详细结构。就认知模型、认知图式和认知地图这些内容而言，大多数思想可以归结为皮亚杰的认知图式，大多数学者赞同在个体内部有一个平面的认知结构或认知域，它是形成认知的基础，但只是平面结构的描述，不足以说明立体化的结构特点。巴尔斯意识剧院给予笔者许多启示，这样立体化的全局工作空间理论，清晰阐明了意识的产生和消失等问题，但针对心理空间中各元素之间的立体动态关系，却无法阐述清楚。由此本研究提出心理空间的多维拓扑结构，基于几何学、心理发展和心理内容等进一步论证，借助心理区域和心理位移等概念详细阐述心理空间拓扑模型特点，这正是心理空间的本体论意义，也是本研究探讨的核心所在。

第三章 心理空间的认知语境模型建构

第一节 三重认知语境维度成立的论证

一 认知语境是心理空间的脉络

在论证认知语境与心理空间的关系之前，先探讨认知语境的特征。一般认为，最早从认知角度来研究语境的是斯波伯（D. Sperber）和威乐萨（D. Wilson），他们从人际互动角度提出了认知环境（cognitive environment）概念，强调人们在交际过程中大脑主动选择互动的假设子集，从而构成语境心理表征集合体，这个集合体是一种心理构造的动态变项。听者在互动推理过程中使用"消去原则"，只保留相关的信息，消去错误的假设，产生新的假设。语境假设与新语境、旧信息与新信息在交际过程中不断互动、不断整合、不断随交际的变化而改变，构成了一个多维度互动的过程。可以看出这里所提到的认知环境就是认知语境。国内对认知语境研究较早的是魏屹东教授，他提出认知语境的概念与结构，并运用该理论探讨实在论与反实在论之争。[1] 谭锦文认为"认知语境的构建以命题、知识草案和心理图式为基本单位，认知语境是主体正确获得推理的基础，其中，逻辑命题是语言使用的基础"[2]。同斯波伯一样，袁雄也是从人际互动实践

---

① 魏屹东：《广义语境中的科学》，科学出版社，2004，第 308 页。
② 谭锦文：《认知语境及其构建》，《阜阳师范学院学报》（社会科学版）2004 年第 2 期。

中提出认知语境观点，重视交际者双方在交际和语言使用过程中的认知能力、情感因素、信息量差、语境冲突、社会文化等因素，这些因素组成一个相互交错、相互渗透、相互作用、相互制约、相互融合的网络，在交际过程中随着语境的变化、说话者意图的实现而汇集成多维度互动的认知语境网络。① 其实这里的语境网络类似于认知语境空间模型。魏屹东教授提到"巴尔斯的全局工作空间理论就是根据语境来探讨意识问题的。巴尔斯认为，语境作为一种神经系统已经适应了的信息，它可以合理地解释意识的产生和消失，解决问题的心灵过程、自主控制、注意以及自我等心灵现象"②。胡霞总结了认知语境的完型性、人本性和动态性三个基本特征，而且提到认知语境的心理表征是认知图式，基于克拉赤（W. Kintsch）的建构整合模型（CI），她提出了认知语境心理建构体的建构整合过程。③ 在某种意义上，认知语境网络、全局工作空间的框架体系、认知语境的心理建构体等均为心理空间的认知语境模型研究奠定了基础。

心理空间中的认知语境如何？"原生态"的心理空间看似无序、混乱和稍纵即逝，但是在凌乱的情境中隐藏着一定的脉络和肌理，即无论是感知空间、情境空间还是想象空间，自我总是将当下思维、想象和情感等整合为一幅情景交融的心理空间视觉画面，这是第一层脉络和肌理。心理空间中的心理内容因功能、结构和特征不同，语境会显现不同，因此具有以语境为核心的第二层脉络和肌理，以下面一段话进行诠释。

①我独自坐在书房，正在思索着文章该如何写下去。②这时，外面的风猛烈吹着，"唉，疫情期甚至风吹的姿态也与往常不一样！"我呢喃着，叹了一口气。③这时，客厅传来了女儿的声音，"这下可坏了，机器人控制人类啦"，她正在看《蜘蛛侠》电影。④这声音引起我的反思，我也担心人类被控制呀，刚才我也在客厅看电视，影片中有一位科学家正在做实验，可是一会儿是以科学家的身份为人类服

---

① 袁雄：《认知语境的多维度诠释》，《科技信息》2009 年第 14 期。
② 魏屹东、安晖：《意识的语境认知模型——兼评巴尔斯的意识理论》，《人文杂志》2012 年第 4 期。
③ 胡霞：《认知语境研究》，博士学位论文，浙江大学，2005，第 121 页。

务，瞬间又变成想毁灭人类的外星人，猜想科学家做实验时就已经被机器人控制了吧。⑤可是我不明白，看到这位科学家的两面性时，我到底担心什么呢？是害怕人类被毁灭？还是担心自己的生活受到影响？⑥未来科技一定是朝向有利于人类的方向发展的，那就是对自己未来生活的担心啦。⑦我一边思索时，一边将自己的思绪尽快拉回到写作中来。

这段话是"我"基于写作过程中的一段心理空间写照。为了更好解释两层脉络和肌理，将分句标注一一解读。①先呈现当下一种思维状态，是一个写作的语境。②由当下风吹引起对这段时间疫情经历的联想，并且感物抒情，认知过程的变化由触觉、思维到想象，语境从风到疫情，由当下到未来。③女儿的声音将"我"对未来的感慨拉回到对当下的感知。④由当下的感知联想到过去的思考，再次产生情绪，在追忆这些情绪时，伴随对过去视觉影片内容的推测，这时的语境又从女儿看电影转变为"我"看电影。⑤是当下的反思和感受，这时的语境从"我"自己变成人类，从反思到担心。⑥立足于"我"的未来语境，是对情绪的反思。⑦仍是立足于"我"的语境，"我"通过调节将思维状态拉回到行动中来。结合心理空间和语境脉络对上述话语的特点进一步分析，第一个特点是错综复杂，上述这段话语仅是日常生活中一个普通且真实的片断，涉及多种认知层面，视觉、触觉、听觉各种感知，注意，记忆，思维，想象和推理等包含在其中；多种时间元素也交错其中，如现在、过去和未来；同时纳入多种事件，如写作、看电视、疫情等；多种情绪也点缀其中，如害怕、担心、无奈等。所有这些元素频繁转换，纠缠交织在一起，不仅有物理元素、生理元素，还有心理元素，就像各种音符，在不同部位、不同场所、不同时段镶嵌在一段美妙音乐之中，这正是这段实例的第二个特点，即错落有序，这里的"序"，就是前面所提到的两层脉络和肌理，它们基于语境交错出现。通常人们的思绪是先构建一个语境，在这一特定语境下进一步建构心理空间，①到⑦语境从写作，经历疫情、女儿看电影、我看电影再回到我的写作，每个认知过程、事件过程都围绕一个特定的语境。可见，将两层脉络整合在一起，就像钢琴的黑键和白键一样交互融合，便能弹奏出优美的音乐（见图3-1）。本研究就是将这两层脉络整理成心理空间的认知语境，从而探讨认知的本质，服务于认知科学研究。

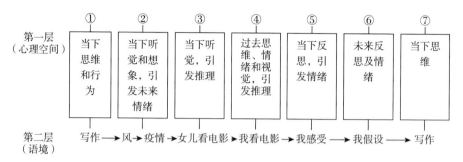

图3-1　心理空间中语境变化脉络

注：序号①至⑦是七句话的标注。

通常人们所理解的语境是基于语言而言，无论是文字还是日常交往，都与语言使用者所处的主客观环境息息相关，其中所涉及的因素和关系就是语境，因其在日常生活中的重要性，哲学、语言学、社会学和心理学等相关研究者均对其本质、特征、意义和功能进行了翔实研究。从研究初期所定义的"语言交流发生所处的环境"到后续将非言语的语境纳入其中，强调语境的动态性、规律性和整体性，分类也从话语语境、情景语境与文化语境拓宽到逻辑、心理和背景等层面，语境的范畴越来越多，层次越来越细。随后许多研究者将视角转向语境主体的认知背景和认知规律，认知语境理论的实践性成为研究的焦点。现在大多数研究者认为认知语境就是心理现象，是真实世界的呈现。举一个实例解释，"我站在一棵树下"，其中涉及的元素有"我""一棵树""下"，这三种元素通过表达者"我"相互作用，形成心理过程，建构了一种认知语境，即"我在树下乘凉"，外面太热，树下可以让我舒服一些。听者基于这三种情境元素也会依据经验和储存于长时记忆中的知识建构认知语境，但因主体不同，认知语境表达意义不同，有的理解为"天太热，表达者想乘凉"，有的理解为"可能站在树下避雨"，有的理解为"在看树上果实"，等等。无论是表达者还是听者，这些认知语境是连接物理域和心理域的纽带，是外在世界于内在心理世界的表征。

认知语境是心理空间，但心理空间不完全是认知语境，它的范围更广。进一步借用上述实例来说明，②话语中心理空间为如此猛烈的风，外界几乎所有的事物都受到影响，人们无法走出门，不得已产生无奈和担心的情绪，结合"猛烈—无法走出门—无奈的情绪"系列认知语境，很自然关注到近期与疫情相关的认知语境，不由自主演绎出系列疫情相关的心理空间，因此可以看出"猛烈—无法走出门—无奈的情绪"是大脑在瞬间归纳出的认知语境，其中包含三种元素，第一个是事物现状，第二个是对行动造成的结果，第三个是引发无奈情绪，三种元素中的任何一个单独存在，也是一种认知语境，也会进一步演绎各自的心理空间，但只是弱性演绎，在大脑中就像烟云，意识甚至来不及捕捉就消失了，只有当三者相结合时，三者形成强演绎，这时的认知语境成为清晰的心理空间。疫情引发相关的心理空间，会促使"我"觉察自己的身体，"我没有发烧，没有呼吸困难，没有疫情"，这部分衍生的心理空间与前面的认知语境关联较少，所衍生的心理空间可能二次衍生心理空间，如"我近期的身体状况还可以，就是胃不舒服"，甚至三次衍生心理空间"胃不舒服，是最近压力太大""可以想一些办法减少压力"等。这些衍生心理空间已完全脱离先前的认知语境，有的瞬间呈现，有的以片断呈现，来不及被意识又被下一个心理空间占领，有的是共时呈现，无法与认知语境清晰结合。由此可见，心理空间较认知语境范围更广。通常心理空间依赖感知、假设、心理图式的激活和推理等认知语境来处理信息，但认知语境如此纷繁复杂，非常有必要立足于心理空间的视角对认知语境进行分类。

二 认知语境是建构心理空间维度的依据

认知语境作为一个开放的范畴，重视主体的认知能力、情感和社会文化等因素，这些因素结合成相互交错、相互制约和相互融合的网络，随着使用者语境的变化形成多维度动态体系，研究者多称其为心理建构体。将这些心理建构体概念化和抽象化便成为为认知图式，泰勒（S. E. Taylor）和克罗克（J. Crocker）将认知图式区分为个人图式、自我图式、角色图式、事件图式或脚本、程式图式五种。克恩（R. Kern）认为认知图式有内容图式和形式图式之分，内容图式包括概念图式、个人图式、角色图式、环境图式、程序图式、情感图式，形式图式包括听觉图式、视觉图式、结构图式。① 斯波伯和威乐萨将其分为逻辑信息、百科知识和词语信息三部分。其实认知环境与认知图式类似于认知语境，区别在于认知语境更倾向于心理现象的模型化建构，换言之，认知语境是显性语境，而认知图式是隐性语境，或者说是缺省语境，是以抽象结构储存在长时记忆中的知识命题，需要由显性语境激活。克罗克的建构整合模型对本研究认知语境三维分法也有一定理论指导作用。他为了促进书面语篇的理解，将文本心理表征分为表层编码表征、文本基础表征和情境模型表征三层，表层编码表征最基本、最表层信息，表征字和词之间的语言学关系。文本基础表征表层信息所建构的命题、读者自我记忆中的命题等信息，并且将这些表征信息联想成命题网络。情境模型表征则是把前两者与背景知识整合成心理连续体，提供最高层次、最深层和最完整的信息。通常前两个层次属于建构加工阶段，结合材料信息和读者自身知识水平，先形成命题表征，再就是对命题网络进行选择、调整的整合连贯阶段。由上述模型研究可以看出，模型中的各部分具体性和抽象性共存，稳定性和动态性融合，尤其是情景模型表征所整合的心理连续体，对心理空间的三维认知语境层次性特点有一定启示。

结合现有的国内外研究，本研究构建心理空间的认知语境模型，包括感知空间、情境空间和语义空间三重维度。感知空间以感知信息为核心，指涉个体与外界互动时所形成的初级关系；情境空间指涉以情感为线索的情景、事件信息以及这些事件间空间关系的整合，在对事件的感觉细节、清晰度和体验真实度等方面比语义空间强；语义空间定义为以语言符号为基本元素，按照一定的逻辑关系形成的符号空间，基于网络、范畴、图式、脚本或一般知识系统而组织，包括一般性知识、自传体知识等。语义空间、情境空间和感知空间三者相互依赖、相互作用。感知空间是外在事物经过各种感官后产生的相似性结构映射。情境空间是以情感为线索的情景事件图像化演绎的场所，它在对事件的细节感知、清晰度和真实体验度等方面比感知空间小，通常所说的表象空间和想象空间也在其中。语义空间是以语言符号为基本元素，按照一定的逻辑关系形成的概念或符号空

---

① 胡霞：《认知语境研究》，博士学位论文，浙江大学，2005，第44页。

间。从感觉空间、情境空间到语义空间，感觉细节越来越小，清晰度和与客观相似度越来越低，概括性越来越强，抽象度越来越高，其中语义空间提供语义框架，感知空间提供原材料，情境空间借助于原材料和概念支架演绎一件件生动而曲折的情景事件，个体正是通过心理空间不断认识自我和认识世界。

本研究区分认知语境三重维度的依据何在？第一，三者大脑生理机能不同。本书第二章已述，罗克和伊万迪斯克通过实验论证脑电图节律参数空间与心理空间是同构空间，实验中提到任务 1 是纯形象感知，任务 6 是纯语言逻辑运用，任务 2 至任务 5 介于两者之间，从任务 1 到任务 6 形象感知逐渐减少，语言逻辑性逐渐增加，是情境想象部分。进一步，他们假设所有材料有感知空间、情境想象和抽象语言三个维度，让被试依据每个任务所体现的三个维度进行打分，0 表示没有这个维度特征，10 表示这个维度特征最大。这样每个任务都有三个数值，最后将所有被试的数值进行计算，得出式（3-1）。①

$$情境想象 = \frac{抽象语言}{抽象语言+感知空间} \times 10 \qquad (3-1)$$

由式（3-1）可以看出，如果某个任务中抽象语言部分为 0，则情境想象也为 0，在所有被试的脑电图功率谱没有混合的状态下，情境想象更接近于抽象语言。由此可见，因三者在大脑中有相对应生理定位和认知机制，三分法是合理的，并且存在一定量化关系，即情境想象是抽象语言和感知空间的中介，且更接近抽象语言。第二，借鉴记忆种类解释区分合理性。记忆作为心理内容是信息存储的过程，与心理空间的认知加工有相似之处。记忆有感知记忆、情节记忆、情绪记忆、语义记忆和动作记忆五种，此种区分正是依据信息的具体与抽象程度，其中动作记忆侧重信息的动态性，其实可以归入情节或语义之中，情绪记忆是生动、鲜活的，富有情境意义，因而可以归入情节中，所以，记忆分为感知、情节和语义三种，与本研究的三分法相吻合。记忆过程中因受时间影响所产生的瞬时记

---

① A. O. Roik, G. A. Ivanitskii, A. M. Ivanitskii, "A Neurophysiological Model of the Cognitive Space," *Neuroscience and Behavioral Physiology* 43 (2013): 195.

忆、短时记忆和长时记忆，也给本研究认知语境三分法以启示，因此，将心理空间认知语境分为感知、情境和语义三重维度是合理的，也是必要的。

三　三重认知语境维度建构的意义

如果说心理空间的认知语境模型也是体现心理表征，那么，它与传统理论有什么区别？传统认知科学研究者已通过大量的实验证实心理产生过程（如图3-2中第一行信息），即首先是视觉、听觉等相关感知觉信息输入，随后在大脑中搜索与输入与信息相匹配的记忆或认知图式，找到了相匹配的记忆或图式后输出信息，心理表征产生，从而理解外界世界。部分研究者认为从感知觉信息的输入到记忆或认知图式的激活是基于认知语境的心理过程①，如果诉诸认知语境理论，就可以更加全面地理解心理表征形成过程。既然如此，本研究进一步将认知语境细分为感知空间、情境空间和语义空间三部分，感知觉信息输入对应感知空间，记忆或认知图式是抽象的知识概念图，置于语义空间中，在感知空间与语义空间之间，有一个情境空间，是连接两者关系的媒介，并且体现情感和情绪空间。关于情境空间的重要性，将在随后继续诠释。个体与外界互动的过程是心理空间建构的过程，互动结果即为心理状态。

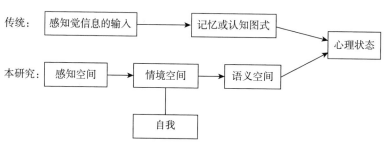

图3-2　传统认知科学研究与本研究相关心理空间理念对照

自我的加入是本研究与传统研究的最大区别。大量研究者认为自我由经验性自我、图式自我以及自传性事实组成，不仅参与认知过程，而且调控和组织认知过程，因此，自我在研究认知过程中的作用非常大，但传统

---

① 胡霞：《认知语境研究》，博士学位论文，浙江大学，2005，第87页。

研究恰恰忽视这一重要因素。由于自我引入，所研究对象发生变化，不再像传统认知科学只是将认知作为客体，剔除任何生活中的变量，开展纯实验室研究，这种将被试主体置于实验室之外的研究范式是人工雕刻的"作弄"。本研究强调心理空间既是研究对象，又是研究主体，其中由自我承担主体的主要功能，将研究对象从"静态"的研究环境引入人类"动态"的生活中。由于自我的引入，研究内容异常丰富，研究对象从传统以认知因素为主转变为有情感、动机、目标等动态体系参与，可以对心理空间本质进行更为全面深入的探究。由于自我的引入，研究从传统的只注重共性延伸到关注个体差异性。

第二节 认知语境模型的工作机制

认知语境模型由四部分组成（见图3-3），不仅有三重语境空间维度，还包括工作自我和自我定义记忆。自我作为心理空间的核心，被当下的目标体系或外界刺激激活时，结合这些外界的情境，启动当下的自我参与，这时当下自我就成为工作自我，具有调节、控制功能，通过自我定义记忆协调心理空间的三重认知语境维度互动。情境空间分别与感知空间、语义空间有相融之处，也可以称为感知和语义空间的桥梁。四个部分的意义及详细工作机制，将在后文分别诠释。

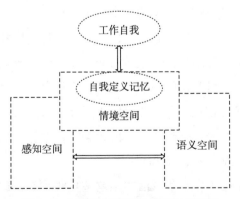

图3-3 三重认知语境的工作机制模型

注：椭圆形表示当下自我的功能结构，方形表示三维认知语境。

一　工作自我：认知机制的启动者和协调者

心理空间的认知机制起步于工作自我。工作自我是如何产生的？在庞大的自我体系中，围绕特定的时间和情境，哪些自我概念被提取，哪些因抑制等原因不能被激活？本研究结合两种相关理论尝试解释工作自我产生过程。首先，黑格斯（T. Higgins）提出自我差异理论，其中包括理想自我、现实自我和应该自我三部分。[①] 理想自我和应该自我是自我导向或自我标准，个体生活中现实自我往往与自我标准有差异，当现实自我与理想自我有差异时会产生沮丧和失望，当现实自我与应该自我有差异时会产生焦虑。无论何种情绪，都会引发个体产生减少差异的动机，这时工作自我产生调节与选择动机，引导个体消除自我之间的差异，从而保持个体的内在一致性。其次，波威（Brewin）在竞争假说理论中提到，在不同的社会情境中，自我表征会相互竞争，当然竞争不只体现在自我表征的种类，也因表征重复频率、精确度、差异度等因素的不同，产生不同的激活水平，由此产生不同的工作自我。这两种理论都探讨工作自我产生过程，自我差异理论倾向于解释其产生的原因，强调内容竞争，竞争假说理论提出影响其产生的因素，强调形式竞争，两者都认同自我无论是形式还是内容都常常处于不平衡动态过程中，工作自我义不容辞承担平衡重任，服务于自我的动态发展。

工作自我是与自我知识相关的一个动态结构，由社会情境和个人的情绪、动机等决定，它的认知机制主要包括激活情境空间相关信息，进一步与语义空间知识库进行匹配，通过激活知识库的线索来调控记忆，提取与自我相关的信息来应对变化的情境。例如，回忆最早的童年记忆，这时工作自我从线索"童年记忆"开始检索，最后到"最早的记忆"，经过几次微调，当情境空间和语义空间知识库内相关联信息稳定后，存储在长时记忆中的"最早的记忆"被激活和提取。

通常个体会根据工作自我激活类型调整自我状态，这会引发相匹配的

---

① 张宝山、刘琳：《工作自我概念的界定、测量及相关研究》，《西南大学学报》（社会科学版）2015 年第 2 期。

心理和行为产生。高自尊者和低自尊者的工作自我，很明显在认知策略和认知风格上相差很大，行为也不同。工作自我也会影响人际互动，当不同情境激活相匹配工作自我时，个体的语言表达、行为也会随之匹配，这恰恰体现自我的灵活性和动态性，也是心理空间动态性的基础。

二　感知空间：多重语境同一性匹配机制

通常人们以身体为标准将事物感知为"内"和"外"两部分，物理世界在外，主观世界在内，这种区分受到许多质疑。本研究认为这里没有内外之分，只有感知对象和感知体验之别。通常人们所说的外，是感知神经系统工作的结果，即看到、听到、触到等各种感觉对象，这些感知对象类似事物的物理属性，其产生过程包括物理的光刺激到视网膜上，一系列的大脑神经传导等认知和生理加工过程等，但是这个过程与感知体验不同，感知体验是认知过程，也就是本研究的感知空间。感知空间所体验的关系空间，不仅包括客观事物间关系，而且也有人际互动关系网。心理物理学、数学拓扑学等领域都有客观事物关系相关成果，费希纳最小变化法、恒定刺激法、平均误差法和斯蒂文斯的乘方定律均研究感知空间的关系阈值。本书在前面提到视觉等各种感知在人类早期阶段所具有的拓扑性，也说明了感知空间的关系状态。霍尔（E. Hall）通过研究发现四种人际关系阈值，公众距离为 12~25 英尺（1 英尺 = 0.3048 米），社交距离为 4~12 英尺，个人距离为 1.5~4 英尺，亲密距离为 0~18 英寸（1 英寸 = 0.025 米）。一维线性中的心理数字线等心理距离的相关研究也是基于感知空间的关系探讨，这里就不再赘述。

感知空间的认知机制如何，即外界感知信息后如何形成心理表征？解决这一疑惑的关键是探讨感知对象与感知体验的关系，也就是"物理域"、"神经域"和"心理域"三个域的关系，也是三维心理空间的认知机制中首先需要诠释的问题。第一代认知科学理论下命题符号理论认为头脑中储存的命题符号与客观实际没有联系，即三种域之间是分离的，但许多研究者无法通过实验证实这一点。巴萨洛（L. W. Barsalou）在证实命题符号理论过程中提出知觉符号存在，其大量的实验恰恰显示物体原型和存储信息具有相似性①，李莹等再一次采用移动窗口技术，通过句子隐含形状与图片是否匹配等实验验证该理论②。本研究尝试借用知觉符号理论探讨感知空间维度的认知机制。

其一，大脑海马区域有"位置细胞"和"网格细胞"，在其中有心理空间的 GPS，这一点在前文已有说明，这是保证三种域存在的生理前提。除此之外还有一个前提就是"物理域"、"神经域"和"心理域"三种域保持语境同一性。魏屹东教授基于多年的表征研究提出语境同一性理论，③认为之所以两个客体有表征关系是因为客体在特定的语境之间相互贯通、相互储存和相互适应，并且在属性、解释、结构和表达方式等方面有一致性，从而可以进行语境叠加，形成语境同一性。在感知空间维度中提到的三种域分别在物理、生理和心理三种特定语境中体现语境同一性，这是保证知觉符号与外界物体原型具有相似性的基础。那么，三种域同一性的证据何在？位于大脑前运动皮层腹侧的镜像神经元是最有力的证据之一，认知神经科学和心理学研究者发现个体行动时所激活的大脑神经机制和观察他人此动作时所激活的神经机制相同，也就是说当个体观察他人执行一个动作时，神经机制也在模拟。莫瑞桑（L. Morrison）等运用 fMRI 技术对比个体自身获得痛觉和观察他人痛觉时大脑的激活情况，发现在被试的手被探针刺到和通过视频看到他人的手被刺到两类不同的刺激条件下大脑的激活局域相同，都是前扣带回和前脑岛。④哈克（O. Hauk）等人通过研究发现，语言表述身体某个部位运动时，会激活该部位的运动皮质区域。这些实验证实物理域和心理域共享相同的神经域。兹瓦（R. A. Zwaan）选择一系列纵向空间次序关系词作为材料，例如"树冠"、"树干"和"树根"等，让被试判断是否语义相关，结果发现，当词语呈现的位置与物理本身空间位置关系一致时被试反应更快，这说明物理域与心理域相同。由

---

① Lawrence W. Barsalou, "Perceptual Symbol System," *Behavioral and Brain Science* 22（1999）：610.

② 李莹、王瑞明、莫雷：《物体隐含的形状信息对图片再认的影响》，《心理科学》2005 年第 3 期。

③ 魏屹东：《语境同一论：科学表征问题的一种解答》，《中国社会科学》2017 年第 6 期。

④ I. Morrison et al., "Vicarious Responses to Pain in Anterior Cingulate Cortex：Is Empathy a Multisensory Issue?" *Cognitive, Affective, & Behavioral Neuroscience* 4（2004）：274.

此可见，感知空间有其特有的神经域，而且在认知加工过程中，物理、生理和心理三种域语境同一。

其二，对于来自三种域的信息通过多通道同时进行认知加工。信息是多通道多模态的存储方式，产生信息的感官不同则存储状态不同，如对于视觉信息是基于视觉特征进行加工，对于听觉信息是基于声音特征进行加工，每种信息都有独立的脑加工区域。依据三种域语境同一性原理，当个体经验到某个信息时，相关联的神经机制也被激活，并不断收集特征信息并进行加工。例如，看到一棵树，大脑中的一些神经元因颜色被激活，一些因形状被激活，还有一些因气味被激活，负责整合的神经元存储这些信息，等待大脑提取。

其三，以体验式的信息提取方式为主。信息提取与个体经验密切相关，即使客观相同，个体提取的信息和产生的知觉符号也并不相同。如杯子里的笔和抽屉里的笔，尽管提取的信息同样是"笔"，但因一个是在杯子里，依据个体的体验，杯子是竖立的，笔也应该是竖立的。而抽屉一般是长方形，平面大，则笔在其中是横向躺着。所以信息提取过程不只是提取信息对象本身，更重要的是激活与其相关的各种关系线索，这些都是拓扑特性的体现。

三 情境空间：各元素间的协调机制

情境、情景和情节三个概念含义不同。情节经常特指具体事情的变化和经过，侧重事情的内容。情景是情形和景象，侧重事情的形式。"情境"的"境"是指构成和蕴含在情景中相互交织的因素及其相互之间的关系，从内涵看，情境要比情景丰富、复杂得多，而本研究主要侧重于各种关系，不仅有心理环境，尝试建构各种心理内容的相互关系，而且运用拓扑结构诠释这些关系的发生发展过程，其中涉及的心理距离和心理场所，都体现情境的特点。"境"也有"心境"之义，这也是本研究的核心所在。生活中的情景事件、经历和处境经常会产生情感反应和情绪习惯，这些情绪经过自我理解后，就会形成心境，所以心境经常指一段时间里相对微弱、持续弥漫的一种主观情绪体验状态。目前有两种典型的心境状态，一种是积极阳光的心境，另一种是消极阴霾的心境，这两种心境与个体心理健康状态密切相关。本研究尝试通过对心理空间认知语境的探索，进一步探查个体心理健康现状，服务于心理咨询与治疗工作，这也是选取情境空间这一概念的意义所在。

情境空间认知加工过程与自我定义记忆密切相关。一方面自我定义记忆是情境空间加工的脚本，提供认知加工的内容和情节；另一方面自我定义记忆携带自我的指令，管理和协调加工的内容、流程等，同时自我定义记忆为情境空间提供情感内容。因此，在了解情境空间的认知加工机制之前，先诠释自我定义记忆在情境空间中的作用。关于自我定义记忆的相关概念，前文已有介绍，它围绕生活中永恒主题或者未来需要解决的冲突而组织一些相关记忆，因此有情感色彩，能生动感知，它的内容与生活意义和目标相连，可以通过意义建构创造一个积极的反馈链，以提供相关记忆中的认知、情感、动机价值，有利于强化生活目标。因此，自我定义记忆是集抽象和形象于一体，基于意义的主题网络来组织自我，通过意义的建构过程影响自我。自我定义记忆不仅是情感、认知、动机和行为的结合点，个体借助它还可以理解动机和目标是如何激活情绪的，情绪是如何影响自我认知的，自我认知又是如何引起行为的变化的，它为个体的人生故事提供了丰富的信息，为情境空间提供了情感基础。同时，它还是过去、现在和未来心理状态的交融处，让个体明白独特的过去经验是如何对现在的情感、行为和认知过程产生作用的，发现这些具体的记忆事件是如何整合进入整体生命故事和建立自我同一性的，有助于个体理解心理状态如何随着时间的推移而转变。它涉及的关注点和冲突，往往是个体心理发展过程中的重要转折点，当主体地位未完成转换而产生"主体性不安"时，心理障碍因之而生。但是个体经常主动回忆它，所以自我定义记忆有助于个体将过去、现在和未来持续关注的冲突或情结联系起来，形成一个完整的自我认识语境。因此，它提供理解心理症状产生的语境框架，有助于理解疾病的精神病理及认知障碍过程。在对精神疾病症状评估及预测时，医生借用其可以对临床症状患者的现状进行分析，检查患者在症状发作时期自我概念的内容和清晰状况，检验自我与心理病理学症状的关系，衡量自我一致性和连续性程度，也可作为病患治疗后的康复指标，研究患者的自我建构与整合及自我意识增强过程。

大量的研究证实认知过程依赖情境空间，结合图 3-3 三重认知语境的工作机制模型可以看出，首先情境空间的信息从感知空间获得，以视觉或图像形式为主的情境片断组成一个个事件，同时也有情感处理后的概念细节部分，如自我定义记忆中的情感，与自我相关度较低的事件随着时间的流逝慢慢消失。其次在情境空间中，工作自我记录当前目标加工进度，快速有效地检查与目标相关的动作，这些动作与重要的目标高度相关。最后情境空间为语义空间提供具体化细节，从而以体验的方式与外界建立联系。所以情境空间是三重认知语境的协调中心，也是整合多元化心理内容的场所。情境空间的协调机制有三个典型的过程：检索、更新和联结。在感知空间中进行语境同一性匹配加工时，加工机制是多维度多元素同时进行，并且形成与原型具有相似性的心理表征，所以感知空间存在各种指代物的特征，如一张桌子在感知空间中表征为高度、形状、颜色和材质等知觉符号。在情境空间中，工作自我作为参照体系和建构主体，往往依据自我定义记忆内容进行检索，有可能激活当前相关的知觉符号，也可能使用保存在语义空间中的信息，从而形成一个新的当前情境空间模型，更新前面呈现的状态，所更新的信息与语义空间内容连贯，其中包括事件关系、因果关系和意向关系等，整合当下模型，为下一模型建构提供相应线索并奠定基础。如果借用舞台隐喻当下的情境空间模型，工作自我类似导演，自我定义记忆为脚本，演员和各类道具来自知觉符号和语义空间，聚光灯照亮之处呈现当下的剧情，这样，舞台上演出一段段故事，这些故事之间相互关联，根据工作自我的需要随时调整，随时整合，随时联结下一段故事（情境）。

四　语义空间：关系网络的建构机制

语义空间是语言建构的逻辑网络体系，其内容是由概念关系和逻辑关系等建构的网络或区域。相类似的概念有层次网络模型，在该模型中柯林斯（A. M. Collins）与奎林（M. R. Quillian）借用概念的结点和概念与概念之间、概念与其特征之间的连线构成语义空间。随后他们对层次网络模型进行了修正，提出了激活扩散模型，将语义距离（semantic distance）作为建构语义网络的基本原则，取代了层次概念。语义距离的远近反映了概念之间的紧密程度。斯密斯（E. E. Smith）等人建构的特征比较模型（feature comparison model）中也提到语义空间。总之，现有相关语义空间的大致研究思路是首先构建一个大的语料库作为语义空间，再选用数学模型对其进行简化，得到一个可以测量概念相似性的关系空间，进而利用关系空间来模拟人的各种心理现象，并进行统计推论。现有语义空间的特征研究，大都是将概念置于不同的网络体系中进行探讨，这时语义空间成为网络思维，成为人们认识事件的结构和方法。因为无论是抽象还是实在，无论客观还是主观，事物可以在特定层次上界定为一个系统，人们借此认识事物，从中厘清概念的意义。

本研究的语义空间也具有网络特点，网络中的各个节点代表着语义空间中相互作用的要素，而节点之间的连线则代表要素之间的相互关系，系统的基本组成单元包括节点和直线，用图表示为"•—•"，而非单独的点或线，多种基本单元组成立体的网络体系。网络是关系和属性的统一体，其中关系有空间关系、时间关系、角色关系、类比关系和因果关系等，关系不同，则相应的属性也不同。依据属性的不同，这些关系分别处于基础层、衍生层或参照层，与此同时，关系群经常处于压缩或分解过程之中。不同网络分别参与范畴化、隐喻、转喻、框架和范畴化延伸等加工机制，因此，语义空间的网络是动态和静态的统一体，是整体和部分的统一体，是结构和功能的统一体。

上述我们借用网络体系解释语义空间，以此描述长时记忆中认知结构的复杂性和多样性，但是网络体系只是表明了语义外形结构和状态，只是说明了其中的关系多样性。语义空间的内在特性如何？其中的关系又是如何产生作用的？针对这些疑惑，我们尝试利用拓扑学进一步分析。本研究前面已提到心理空间的拓扑性不仅有生理学基础，而且在心理学领域中有其存在的意义及实践证明，这点在感知空间和情境空间分析中已有翔实介绍，当然，在语义空间中拓扑特性同样存在，这点可以借助语义空间的关系特性和连续特性进行诠释。让我们先来看语义空间中的关系特性，许多研究者提到网络语义空间中的层次性，或者是包含性关系，有自上而下的语义结构，也有自下而上的语义结构，这些错综复杂的关系网络的本质是什么？一个是极限关系，一个是连续性质。极限关系是指语义空间某个元素位于不同层次的具体位置，有一定边界。比如，在语义空间中任何一个元素，当我们追问它是由什么来决定，或者它的性质由什么来决定的时候，通常借助与周围其他元素的关系来阐释。换句话说，语义空间中任何一个元素的特性或本质都依赖于其他元素，这时其他元素就成为它的极限，也可以说，决定元素性质的不是其内在关系，而是外在关系，这里的"外"就是具有极限关系的其他元素。在语义空间中有无数个网络点存在，点与点之间的关系决定其他点的性质，这就是我们所说的拓扑空间。正是因为语义空间的拓扑性，研究者才可以表述一个有边界和邻域的元素存在状态，才可以说明各元素间的层次关系。再来看连续性质，连续性质在拓扑学中对应的专业术语为"映射"，即如果 x 在元素 X 之下具有的属性完全可以用在 Y 之下，则 X 和 Y 在 x 上具有连续性。换句话可以说，当一个元素可以在两种不同元素下使用时，就可以说这两种元素具有映射关系，其实这种映射关系就是语义空间内各元素的连续性质。

依据拓扑理论，极限关系和连续性质只是语义空间的形式化特征，那么，拓扑特性可否体现其内在本质？可否通过拓扑性诠释其中各个概念的意义是如何产生的？笔者认为语义空间的意义并非依赖历史变迁的纵向时间差异，横向的关系也可以体现其中的逻辑联结，借用空间的连续性解释时间的流变性，可以探寻因果关系存在的状态。语义空间提取概念意义时先将时间置于空间中，确定概念在这个空间的维数，空间维数是各关系要素相互作用的结果，维数越多，关系越复杂，即影响因素越多。接着对比系列关系中元素之间的差异，探讨相关语义间的不变性、连续性和普遍性，也就是依据该概念与其他元素的关系探索拓扑不变量，通常不变量是以逻辑关系为基础的语义特征。这种意义产生的方式类似卡尔纳普的外延性论断，即任何意义都可以用外延性语言诠释，这恰恰也体现语义空间的连续性。

由此可见，语义空间可以对语言信息进行加工进而生成意义，而意义本身又是语义空间，所以语义空间是生成空间的空间，可以称之为元空间，这是语义空间的功能特性。它本身是由认知者在认识和改造客观世界的过程中形成的，同时也是认知活动的场所，所有的认知活动都是以它为基础生成各种概念、意象和图式等。如果没有它，认知活动便无栖身之地，对事物的深层认知就无从谈起。语义空间自身也有认知特性，比如先验性和经验性。皮亚杰和康德所说的对世界感知、理解和思维的先天特性，来自对身体方位的认知，如前后左右，也来自对自然界空间的感知。经验性是个体生活过程中形成的，它会随着认知意象或图式而产生、变化或消失，这些特征使得认知活动具有无限性和多样性。

语义空间的信息如何提取？在工作自我的组织和协调作用下，自我定义记忆经常会提取与自我密切相关的主题，语义空间也会在工作自我影响下，经常将与自我相关的知识或经验依据概括性水平进行汇编，随时等待提取。依据卡威（M. A. Conway）等的自我记忆系统相关理论，笔者将语义空间从抽象语义水平到具体化感知信息的过程依次分为主题、人生阶段、一般性事件三部分。主题包括个体事实或推测知识，也包括将自我分离成不同自我成分的自我意象，它整合一系列特征、身份或产生意义主题。人生阶段是表征总体自我和自传体知识的一种抽象或一般水平。一般性事件指的是各种自传体知识结构，如单个事件——我今天去了某个地方开会，通常是以不同场所的特异细节来组织，这些细节依据当下现象体验建构摘要式记录结构，比前两者更加细节化。一般性事件是语义空间更具体更清晰的水平，在组织人格部分起重要作用，它比人生阶段更具体，但不如情境空间中的自我定义记忆具体，因为情境空间是从事实经验而来。

结合三重认知语境工作机制流程，从工作自我开始探讨语义空间的工作机制。工作自我不仅包括由于理想自我、应该自我和现实自我之间差距而形成的多层次结构的目标体系，而且这些体系往往与个体发展阶段的挑战、自主、成就、亲密、生殖、老化和死亡等高效能的核心目标密切相连，无意识引导注意力和需要，不断评估标准和差异，因此它经常处于复杂的运行状态中，或者调动认知、情感和行为等因素处于激活状态，或者使此因素处于激活阈值之上，等待接受指令。当它依据核心目标进行检索时，往往先从最普遍和最抽象的主题开始，一旦发现则对更加具体的一般性事件进行检索和提取，并激活更加具体的情境空间，那里不仅包括具体事件的感觉、知觉和情感信息，而且有动机、目标和人生意义等组成的自我调节系统，被激活的事件瞬间形成一个视觉图像，为自我定义记忆提供基础。因大量的情境空间信息在短期内很容易消失，所以必须由工作自我进一步提取与自我密切相连的信息组成自我定义记忆，由自我定义记忆再次经过整合重新建构人生主题，进而形成永恒的人生阶段主题或关注点。如果工作自我在目标体系检索中发现一个重要的目标已实现，或者被阻碍，或者与体系中其他目标有冲突，其会结合内在的需要，唤醒一种情绪引发调整，激活相关因素重新进入检索模式。伴随激活状态的增强和情感的激励作用反馈，当下工作自我将注意力聚焦于自我定义记忆，重新评估目标状态的优先等级，重新检索语义空间的相关信息。在整个工作机制中，自我定义记忆起到情境空间、语义空间和工作自我之间的桥梁作用。

第三节　心理空间认知语境模型的特征思考

一　是表征还是生成？

表征和生成问题是近年来认知科学和心灵哲学研究者关注的焦点，早期笛卡尔通过表征的再现诠释认知，大量研究者相继追随，表征观风靡一时。其中主要原因是黑箱里的认知可以借助严密的科学实践论证，如体验等抽象概念可以借用计算等数理科学进行推理，研究对象得以"科学化"。在这种研究范式的影响下，物理域与心理域之间的因果关系能在生理和物理层面得以解释，一维线性认知的映射、二维认知图式和三维的心理旋转和心理扫描实验等表征均证实认知存在的状态和认知加工的细节过程。心理空间包括感知空间维度的知觉符号表征，情境空间中的表象表征和心象表征等，语义空间维度中的关系网络表征等，所以本研究借用各种心理表征进一步说明心理空间的存在状态。这时心理空间隐喻为"聚光灯"，各种表征登场，呈现纷繁复杂、错落有致的心理空间整体表征形态。但是表征方式影响下的心理空间众多元素，如自我、身体、情境和情绪等鲜活因素退居幕后，没有用武之地，但是它们恰恰是心理空间的核心。再就是心理空间的心理域并不是物理域信息的全景式表征呈现，残缺不全的信息也会在身体与外界互动下从感知拓扑性中获得整体性，不在场的信息也会在自我的作用下无意识和缄默地"生长"起来。所以心理空间、自我和身体耦合在一起，相生共涌，共同建构认知语境三维空间维度，这就是心理空间的生成观。生成心理空间认知语境意味着不存在纯粹、静态的心理空间语境，其中元素不是孤立的，而是一个整体系统，通过自主行动与其他因素耦合生成关系域，耦合过程也是建构过程，所以心理空间的生成观集中体现了其建构过程。

乔治·凯利（G. Kelly）提出了心理空间的个人建构理论，[①] 对本研究建构理念有很大的启发。他认为人的认知过程具有连续的二分性，运用个人建构在混沌生活体验中创造有秩序的空间。什么是个人建构呢？凯利认为，心理空间不像存放着经验元素的器皿一样预先存储世界，而是需要通过建构过程创造世界。个体的建构过程通常依据主观意向采用二分（dichotomie）的几何学，如是非、快慢，每一种二分都同时具有区分和整合双重功能，个体通过经验区分和整合来建构心理空间，凯利心理空间建构的个体性、预测性给本研究极大启示，但是他将建构局限于经验二分法，即分与合，这点值得进一步探讨。其实，心理空间处于不断建构的过程中，建构目的是对事件进行预测和解释，预测和解释心理现象后，进一步解构再建构。每个人在日常生活中都是科学家，当与外界互动或者进行自我调节时，总是通过心理活动来预设简易的系统，总是随时有意无意地对即将发生的事件进行预测，首先是建立假设或预测，再通过实证研究验证预测，从而找到规律。这个过程就是个体运用心理空间解释的过程，运用其中的认知结构赋予解释对象一定意义，从而达到认识的目的。解释的过程不仅有言语符号的说明，也有非语言信息参与；不仅有意识的参与，也有无意识的参与。解释的过程没有严格的逻辑和规律，无法做到有章可循，如个体可以将 A 结构和 B 结构作为 C 结构的一个子系统，同样，也可以将 B 结构和 C 结构纳入 A 结构中，这种复杂的结构特点正体现了思维复杂性的特点。解释的过程，也正是验证行为重复的可能性的过程。心理空间周而复始不断建构、解构再建构，发展变化并自我创新，这样才能适应现实生活状态。

所以，心理空间的认知语境模型是建构体，它不仅对刺激直接反应，而且往往对客观刺激加以认知假设和情感操作，是个体主动以自身的知识

---

① 乔治·凯利：《个人结构心理学》，郑希付译，浙江教育出版社，2005。

经验为纽带对客观信息和记忆信息再构造的过程。建构过程中，主体依据的是自身的经验，建构过程本身有主观性和主动性。又由于建构内容指向客观对象，所以又有客观性。如果将心理空间的认知语境模型与大厦相类比，其中感知空间、情境空间和语义空间是认知语境建构的硬件基础，犹如砖瓦和钢筋等建筑材料，而自我和具身的各种能力是认知语境建构的软件基础，犹如建筑师的设计，这样软硬整合，才能成就认知语境，但因软硬件都不相同，会建构不同的心理表征。不仅一个心理空间的认知语境建构过程是如此，多个心理空间的认知语境建构也是如此，心理空间的三维认知语境是有机组合，而且各个维度之间也是以自我为核心而存在，没有失去部分的整体，没有脱离整体的部分。正如郭贵春教授所说的整体性特点，从整体论视角开始，在多元化因素的关系网络中展示和把握意义的运动。① 此外，在这些建构整合过程中，主体依据自身的信念、态度、知识等充当主力军，因个体不同，认知语境更加丰富多彩。

质言之，心理空间是表征和生成的结合，表征中见适应，生成中求发展，只有两者相辅相成，互相促进，心理空间才能保持语境同一性。

二　是心理内容还是功能结构？

人们经常自问心里在想什么，并对自己内心到底是什么表示疑惑，因为有心，并且这些内容有意义，所以引发疑惑，这就是人们对心理内容的思考。哲学各流派针对心理内容争论的焦点为：其究竟是什么？其是否存在？怎样存在？对这一系列问题的回答涉及许多心灵哲学领域所探讨的基础性问题，如主体问题、表征问题、真之条件问题、因果问题和自然化问题等，并且有二元论、解释主义、还原论、功能主义等理论争先恐后进行解释，这里选取其中部分理论阐释心理空间是心理内容还是功能结构。又因为心理空间是关系空间，所以借助关系空间的两种特性，说明心理空间的特性。首先本研究赞同心理内容是一种关系域，其中因果关系尤其重要，因果关系包括历时性因果关系和共时性因果关系两种，共时性因果关系是心理空间的主要关系域，它能依据同时性原则发挥作用，所以这部分

---

① 郭贵春：《语境与后现代科学哲学的发展》，科学出版社，2002，第149页。

关系域既是心理内容又是功能结构，下面详细论证。

任何关系的属性都是由主体、所处的共时性与历时性等关系性质决定的，本研究强调关系不只局限于颅内认知，而是由主体和现实环境一起决定的延展认知，即心理内容中的"宽内容"。以心理空间的表征为例说明，笔者在前面已提到心理内容的表征问题，认为心理空间存在心理表征，这里的表征不仅解释心理空间各元素之间的关系问题，而且也解释物理、生理和心理等层面之间的延展认知关系问题，可见心理空间的表征是宽内容，只关注大脑状态不足以确定心理空间的各个认知语境。例如不同个体看了同一本书，由于个体的经验不同、知识背景不同、文化背景不同，即使针对同一本书，不同的人解释差异非常大，就是其中一句话或者一个字也可能有理解差别，语词的意义依赖于个体的语境，同一个人在不同时段不同场所的表述也不相同。所以本研究更加关注宽内容，而且是当下的宽内容。再以因果关系为例说明，本研究更倾向关注横向因果关系域。何种因果关系才有意义？肯定不只是存在于大脑中的各种概念间的相互作用而已，必然包括内在符号与客观因素之间针对特定目的而相互作用的结果。可见，心理空间的因果关系更多表现为功能关系，同时功能决定符号的意义，也决定了因果关系产生。个体在现实生活关系域中成长，其中社会、历史条件和自然环境也发生作用，所以因果关系必须个体化，在个体独特内在需要等动力的驱使下，自我瞬间唤醒相关因果关系，或者引发三种认知语境维度之间产生新的因果关系，这时所呈现的当下心理空间才是本研究所指。

心理空间尤其突出功能结构，这点可以得到延展认知主义等 4E 理论的支持。在现代社会，人类不是孤独的认知主体，一切行动镶嵌有时代特征、社会烙印，一切行动目的不只是来自主体内在纯洁需要和愿望，而是在外界环境的影响下，主体学会借助外在环境调整自己的行为以适应环境。所以心理空间的不断建构和创新是围绕一定的目的的。此外，心理空间各元素如自我、具身空间、三维认知语境等都是功能性概念，心理拓扑结构也旨在进一步说明其功能过程。总之，心理空间集认知者、身体、目的、环境和社会不断发展的过程于一体，即时对认知目标做出判断，以更好地服务于现实生活。

从关系视角来说，心理空间不只是强调元素之间的关系，更多着墨点在于它们之间的相互作用，强调关系过程；从建构视角来说，心理空间不只是强调建构结果，更多想强调建构关系和建构过程；从拓扑研究视角来说，心理空间不只是强调拓扑状态本身，更多着墨点在于拓扑动态变化过程；从建构意义来说，心理空间不只是致力于满足主体自身需要，更多是适应社会，服务于现实生活。因此，心理空间更多表现为功能结构。

三　是强调扩展还是压缩？

心理空间的扩展和压缩与时代发展相关，也与研究范式中的个体性与普遍性密切相关。先从个体性和普遍性说起。大多数研究者采用自下而上的研究范式，希望借助科学实践总结规律，进而上升到理论层面服务人类，所以对共性问题的探讨被普遍接受，不具代表性的或者个性化的特点常常被边缘化、无形化和病态化。如果要检验一个状态或思维是否普遍，通常将其量化，以数学中的正态分布理论来说明，假如任何随机变量发生的概率为95%以上，认为具有普遍性则被接受，如果发生概率在5%以下，则认为是异常，被排斥。可见传统理论大多接受同质化，反对个体化、差异性与多元性。本研究在注重普遍性的同时也尤其关注个体化研究范式，给大量的随机性、无序性、不平稳性、暂时性和非线性要素一个空间，因为这些是时代多样化和差异性发展的产物，是人们在现实时代中真实的心理体验。因此心理空间强调扩展研究对象，将个体化特征纳入其中，还心理空间真实面目。

随着"互联网+"时代的到来，各行各业展现了新的生机，社会效率得到提高，物理空间和时间得以扩展，虚拟空间延伸得越来越广，虚拟空间的灵活性、特殊性、即时性和多样性特点尤其突出，无形中差异性和不确定性趋势也越来越强。与虚拟空间一样，心理空间在时代社会背景下同样体现相同的特点，个体心理空间不得不扩展，以此来获得个体掌控权，从而获得心理安全感。伴随着信息量的增加，思想和观念种类也增多，相互之间的冲突和矛盾也增多，相关的情绪也变得更为复杂。以决策为例，因参与的信息复杂，无法短时间得出结论，为了求证个体不得不再次扩大感知空间参与的信息量，并且在提取信息时也会相应扩大范围、增加数量，但同时无法避免相关信息之间的矛盾。为了解决这些矛盾，个体不得不再次建构心理空间。决策过程中选取何种信息，怎样选择信息，这些也是个体性的体现。但是做决策过程不是无限制增加信息参与量，恰恰相反，快速高质量决策才是重点，那么，如何才能提高速度？对心理空间进行压缩，缩短时间，选取精华，即以牺牲时间为代价，这无形中增大了心理空间内部的压力与紧张度。所以心理空间无时无刻不在进行扩展和压缩，这也是"互联网+"背景下人们普遍的心理空间现状。现在人们几乎足不出户就可以独自生存，人际深层互动被压缩，没有面对面的沟通，互动的质量受到影响，人们深刻体会到心灵孤独。在这种孤独的影响下，人们又通过各种虚拟网络等主动或被动暴露个人信息，私密信息随之扩展，相应私密性减少。人们常常会诉诸大量信息处理问题，扩展心理空间，又会倾向于人云亦云，思考和记忆空间被压缩，思考内容被局限于狭窄范围内，随之心理空间也被压缩。

心理空间不是中立的存在，而是刻有性别关系、文化差异、年龄差异的印记，如学生群体更多进行理论性心理空间建构，成人更多进行实践性的心理空间建构。个体如何实现心理空间压缩或者扩展？如何平衡？这一系列的决策过程取决于个体本身。心理空间的扩展与压缩是个体实践的产物，个体心理空间相异，扩展与压缩策略不同。个性化的色彩随着时代的发展越来越浓，这也是心理空间中非常重要的部分，个体越能依据目的和意义灵活调整扩展与压缩策略，其心理健康水平就越高。

既然个体化成为常态，所以本研究将以包容的姿态广泛接纳并突出其特点，拓展传统主流研究视角，探讨当下时代多元化和个体化心理空间建构的扩展性和压缩性特点。

四　是否有方向性？

心理空间有方向性。因为自我是心理空间的核心，它是主要的组织者和管理者，所以心理空间各语境维度的方向受自我影响。影响心理空间各维度方向的不仅有自我，还有驱力、本能、因果关系、情绪和环境氛围等，本研究尝试将这些因素归纳为四点进行分析。

其一，生理本能力量的方向性。前面提到身体是心理空间的源泉，源泉意味着其是心理空间各元素内驱力的来源。任何机体从生理角度都需要内在平衡，以维持机体成长所需，一旦内部处于匮乏、过量等失衡状态，则产生生理力量，唤醒其他机体部位以维持机体内相对平衡，相应的需要产生。这种需要慢慢变成事实被个体意识到，一旦个体意识到，则这些需要就成为欲望，引发个体向外攫取，自我就是在欲望牵引下产生冲动和激情。人本主义学者马斯洛对需要层次进行研究，其中既包括生理需要、安全需要、爱的需要，还包括较高层次的自尊需要和自我实现需要，前三者是人类的基本需要，后两者是高级需要，这些需要类似本能，不断引发机体由低层向高层依次满足。这些本能是有力量和目的性的。弗洛伊德让本我承担本能的责任，让它体会内在不平衡感或紧张感，通过无意识思维方式满足这些需要。

其二，认知因素的方向性。现实中人们不只是依据本能确定行动方向，人类尤其擅长对事件进行因果推论，并且预测和引导行为的方向。在归因时个体差异较大，有的个体将原因归于自身，属于内归因，有的归于环境等外界，属于外归因；有的个体归于稳定因素，如事情的难度或自身能力，有的归于不稳定因素，如机遇。个体不同的归因引发不同的行为方向。

其三，情绪因素的方向性。个体无论是因为本能还是认知，都会在行动过程中产生情绪，情绪像需要和归因一样能直接产生方向性，它是行动的推动者，从而让个体有更强的方向感和行动力。如当一个人处于愤怒情绪中，或者沉浸在甜蜜的爱情之中，个体往往一时无法从情绪和情感中挣脱出来，这种感受会唤醒机体生理反应，如血压、呼吸和皮肤电位反应，引发相应的面部表情和身体姿态，这一系列反应都具有方向性。

其四，系统张力的方向性。以上论述体现部分心理内容产生局部力量，心理空间作为一个整体系统，也有系统自身的力量。接下来，结合心理空间拓扑结构，借助心理学家勒温的场论解释。勒温的场论以"行为由现在所在的场决定"为肇始点，现有的行为方向不是由历史性因果关系决定的，而是当下一种力的作用，这种力与整体情境场有关。让我们把思路回到心理空间整体情境中来，心理空间可以看成一个内部容器，有区域、边界和领域，各边界的通透性不同。当个体有某种需要时，一些区域成为动力结构，表现出一种紧张状态，因区域之间的张力不平衡，基于各自通透性程度进行动力交流，或者直接流入领域，或者通过中介流入其他区域，周围区域也会产生相同的张力，表现为相同的潜在需要，因此，每一个紧张区域都与特殊的目标或对象相连。当目标实现后，张力随之消失，区域间恢复平衡。例如图3-4中，一个人在区域 A 中，想实现 B 愿望，A 和 B 之间的各种区域都是路径，可以通过 N、O 连接 A 和 B，也可能通过 E、P、O 连接 A 和 B，还可以通过 W、N、G 连接 A 和 B，无论哪一条路径都会引向所期望的最后状态，路径不同，张力也不同，个体依据自身各种因素和区域之间的张力选择不同的路径。方向的分类中包含"朝向"或"离开"不同区域，"朝向"就是从第一个区域到第二个区域，或者在同一区域进行正位移，如从 A 到 E。"离开"是在原有的方向基础上向相反方向产生负位移，产生回避或逃避行为。因方向不同，个体内部会因为"朝向"和"离开"张力而产生不同类型的冲突。趋近—趋近冲突，即个体同时受多个正力场的作用，如同时想做两件事情。因同时想做的两种事所表现的冲突总有不相等的力，所以个体总会选择较大的力场。回避—回避冲突是负引力交错的力场，趋近—回避冲突是个体同时受到正负两个力场的吸引。总之，无论何种冲突，个体总会权衡需要、诱发力和心理距离等因素，朝向最强力的方向移动。

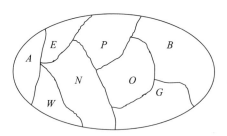

图3-4 心理空间中从 A 到 B 的路径

传统的认知心理学认为认知加工方向是从低级到高级，先是低级的感觉运动，而后是高级认知加工，但是大量的实验证明这不是唯一的认知加工方向。心理空间有低级，同时也有高级的认知加工机制，既有自下而上加工，又有自上而下加工。加工过程不仅受生理因素影响，而且认知情绪也会参与方向选择，心理空间同时受整体情境和力场的影响。

五 是否有边界？

心理空间有边界。首先，心理空间并不是简单通过心理感知机制对客观事物形成内在心理表征，而是整合主体的多种经验因素，同时将这些经验因素与客体的感觉材料融为一体，形成一种时空意向关系。心理空间既然是关系空间，相应的关系只有在适应的范围内，才能保证关系的纯粹性和有效性，所以关系需要有范围，也意味着心理空间要有边界。其次，心理空间边界性是个体所需，边界清晰度和范围也因人而异，这与自我密切相关。本研究认为心理空间有两种类型的边界：一种是自我主观边界，另一种是语境客观边界。主体依据自我的边界随时建构三种认知语境边界。

何为自我边界？在第二章关于心理空间的核心问题中已提到自我的核心作用，本研究尤其强调它在心理空间中的协调和管理作用，所以在回答何为自我边界时，仍然尝试立足于功能视角探索。上述提到自我形而上、生理、社会和语言四种语境同一性，这里进一步结合这四个方面探讨边界问题。生理边界可以说是最深层和最清晰的边界，个体通过皮肤建立生物意义上"我的"概念，所以皮肤是一种生物意义上的"自我边界"。其实除了皮肤外，身体各器官都可以作为边界，夏瑞雪通过让被试对身体各部位重要性进行排序后发现，如果事件涉及骨髓、角膜、血液、肾脏、肝脏、皮肤、大脑和心脏，让个体舍弃这些部位，个体不能被接受，如果事件涉及指甲、头发、肢体、牙齿和精卵时舍弃，个体则可以被接受。[①] 所以即使是身体自我，也有不同程度的边界意义。形而上的自我强调自我与他者的关系，主要强调社会自我部分。社会自我与人际互动、社会化联系紧密，而在现代社会中，社会自我边界有淡化的趋势。语言自我其实是符号自我，也是思维过程，伴随着社会实践边界的延伸，社会自我边界淡化，语言自我边界也有所淡化。加强自我与群体的联系，增强社会自我边界对个体成长非常重要。

所以，个体需要在精神层面、情感层面、社会层面和身体层面逐渐建构并与外界互动，以此不断建构自我边界。当我们处于"边界自我"状态

---

① 夏瑞雪：《自我边界的结构、功能及神经基础》，科学出版社，2016，第4页。

时，意义、爱、尊重、责任、权力、分离、边界、自由等就成了自我的内涵或是自我的属性，若这些属性发生混乱，自我感就会发生混乱，这些属性被削弱，自我感就降低，人们会出现适应不良和内心痛苦等心理问题。当存在感降低时，焦虑便产生。因此巩固社会边界尤为重要，是个体心理健康的标志。

再说语境的边界，因为心理空间的三重认知语境分别是感知、情境和语义三种认知成分，它们本身就有信息输入、加工和输出的区别，所以这些特性也成为边界，当然，三者的边界并不清晰，有交叉之处。还有一个客观边界就是拓扑边界，当心理空间中的一个事件结束后，这时心理空间会有一个拓扑边界，这时边界也是动力，引发下一个拓扑心理空间产生。

可见心理空间有多种形式的边界，从进化论角度来说，人类的重要适应性功能是保证自我与外界的良好关系，并赋予其秩序和意义，心理空间既存在边界又与外界不断进行交流，清晰和模糊形式并存。个体应该在主观和客观共同作用下，保护自我，进一步完善心理空间。

第四章　心理空间理念的应用与展望

第一节　心理空间在临床心理学中的应用及展望

一　临床心理学理论与实践的语境转向

目前心理咨询与治疗工作日益显示其重要意义，其理论和心理干预方法研究趋热，这些研究集中探讨心理咨询的方法和技术，或者从宏观视角提出心理干预的理念和思路。国内大量心理健康教育工作者常常将方法的学习和研究置于首位，随之在心理咨询的临床实践中，精神分析的治疗师以"透过现象看本质"的方式处理过去信息，像弗洛伊德一样在临床实践中，拨开现象学层层迷雾，引出真正无意识的意义。认知行为主义治疗师总是以法官的姿态缜密思考信息中的不合理之处。人本主义心理学流派研究者集中强调对待现象学的人文关怀态度，以启发个体厘清真实生活现状为目的。在这些基础流派的影响下，目前涌现出成千上万种心理干预方法，这些干预方法成为治疗师的武器，帮助其应对种种心理问题。这些方法在咨询过程中真的有效吗？许多实验表明，治疗过程中治疗师与来访者的咨访关系比咨询方法的"疗效"更好。如何才能建立更好的咨访关系，人本主义心理学所强调的同理心、真诚等涉及关系建立，可是，许多实践工作者掌握这些理念和方法后，在工作时仍束手无策。因为这些论述就如天空中的星辰，只能给大地带来微弱的光亮，它们太高远了。

其实当前心理干预研究正处于整合的趋势，处于语境转向时期。首先，心理干预趋势从关注心理内容向整体情境建构转向。传统心理干预思路是直接对心理问题进行干预，如认知行为疗法是极端问题取向型干预模型，就问题解决问题，在其影响下衍生出大量的问题解决型干预技术，以便于更快解决患者的困惑和痛苦。以精神分析为代表的无意识领域的探索，尽管不是直接针对当下问题，但仍是寻找问题的过去原因，还是没有脱离问题解决型模式。问题解决型模式的疗效如何？许多研究者已提出质疑，临床实践中逐渐了解到，患者描述的当下心理问题就类似警示灯，警示灯亮了并不意味着警示灯自身有了问题，它只是起警示作用，真正的问题来自哪里？是人的心理空间整体，比如反复洗手，是洗手本身有问题吗？不是，是个体内在心理冲突或矛盾所致，也有可能是患者的意向所致。所以治疗师引导患者放下心理问题，另辟新径，立足于集自然与社会、身体与心理、理性与情感氤氲于同一整体中的心理空间语境，通过讲故事等方式逐渐引导患者唤醒内在整体资源，或者寻找积极资源，或者对已有积极资源重新建构，增强患者自愈力，当然心理空间也随之改变。其次，从语言表述语境向觉知体验语境转向。语言在个体生命中扮演重要的角色，在个体成长初期，它与身体、感受、关系是未分化的整体，随着个体成长，语言与感知相离，指涉功能越来越强，经常指代不同的意义，可以说离真实自我越来越远。谈话疗法一直是心理干预的主要手段，所以在传统心理干预理念中许多研究者在探讨治疗师和患者如何表达、表达什么内容的过程中揭露掩藏在言语下的心理实在。但是在大脑作用下的语言表述有多变性，患者语言的表述常常引发歧义，治疗师很难通过语言捕捉其真实的想法，即使是真实的想法也未必指代真实的意义和心理问题的本质。为了解决这一问题，正念和冥想疗法逐渐在心理干预中实施。正念是研究者将佛教思想去语境化后引入临床心理学中，避开心理问题本身，将个体引入其他语境，也是将注意力集中在身心的一种方法。在正念的引领下，心理干预从语言评判转向对自己身体、情绪和思维的觉知体验，以开放和不评判的态度觉知身心，语言干预转向非语言干预，与以往截然不同。无论是整体情境还是觉知体验的转向，目前临床心理学界都还未达成共识，心理空间理念可以提供整合力量，服务于临床心理学的理论与实践。

心理空间理念是以认知哲学视角建构的体系，如果能将其运用到临床心理干预中，也体现哲学在临床心理中的应用，也是哲学咨询与心理咨询两者交融的体现。心理咨询与治疗需要哲学理论支撑。许多患者痛苦并不是因临床意义上如神经症等的各种症状，而是因无价值感和无生命存在感的深刻体验。患者的快乐感降低，究其原因，大多数患者没有明显的对外界事件不快乐的自我诠释，可是困惑和痛苦常常伴随生活，不管喜欢与否，愿意与否，总是会如影相随。如果从哲学视角，或者从本研究心理空间的语境下理解由此引发的痛苦和焦虑，引导患者认识自我与外界的关系，厘清物理域、生理域、心理域和精神域之间的关系，重新建构心理空间，将有利于解决根本问题。可见，心理空间理念本身就具有心理疗愈的属性。

上述转向是科学性向人文主体经验的转向，也是从改变心理问题到接纳心理问题思路的转向。个体心理空间迥异，心理问题迥异，所以心理干预更应该是个性化的。本研究建构心理空间的核心目的就是尝试提出个性化心理干预方案，服务于心理健康事业。

二　心理空间与心理病理学

心理空间中身体、自我、拓扑和三重认知语境这些元素均是涉及临床心理学的重要概念，其中所强调的动态性多元化并存关系等都可以与心理治疗流派理论相融，可以说心理空间提供心理治疗理论原型，我们在其中可以发现临床心理病理的肇端。

第一，三重认知语境的片断觉知。依据心理空间理念，个体有动作记忆和表征记忆两重记忆系统，动作记忆是由感觉和图像组成的初级加工信息，处于感知空间，是一种无意识状态。表征概念记忆是有意识思维、语言、主客体区分的二级加工系统，处于语义空间。个体之所以有心理异常，是由于在当下的时空中身体的震颤，情绪和认识被持续性撕碎和破坏，暂时阻隔现在与未来、过去的联系，自身处于绝对的瞬间—此刻状态，处于绝对的地点—此地，无法通达任意地方，从而造成语境缺乏和不合理，动作记忆和表征概念记忆无法整合。如创伤性应激障碍认知模型认为，闪回是最初创伤事件没有得到充分语境化加工的感知觉信息的体验，由于对创伤事件相关刺激的知觉启动增强，与创伤相关的表象及情绪体验很容易被片断直接触发，无法与语义空间连接，造成片断化语境的原因有时是压抑。洛伊瓦尔第（Loewald）认为压抑是由未与表征意义记忆联系在一起的动作表演性记忆组成，这些记忆是分离或碎片化的。个体采用压抑机制，促使三重认知语境分离，目的是减少语义空间与感知空间之间的信息冲突。精神疾病患者的记忆往往被隔离在感知空间中，无法在语义空间赋予其一定意义，因此，感觉、情感和意象等的记忆更浓。相反，如果记忆过度参与语义空间意义表征，个体再次回忆时则有语言符号联想但没有体验。所以信息如果没有在三重认知语境进行系列加工，会造成编码、存储和检索记忆等的不连续性，个体将无法从生活中获得重要的情感记忆。因此，临床中个体心理健康的目标是实现三重语境空间的有意义链接，实现对过去、现在和未来的有意义整合，从而加深对自己和与他人关系的理解。

如何连接片断信息？自我定义记忆作为中介可以担当重任，它包含一种情感模式和生活中持久的冲突，结合情景记忆系统中的感觉表象、工作自我的语义知识和自我图式，甚至程序内隐记忆系统，创造出一个完整的、高度集中的标准模式。在心理治疗的背景下，自我定义记忆可以作为一个隐喻，整合记忆系统，提供多种线索和检索的途径，并且在亚符号、非语言符号和符号中都发挥作用。所以自我定义记忆可以提供给患者一种方式，让其看到多年来的一系列情感、思想和行动是如何一直停留在身边，而且无法感知或表达的。基于此，自我定义记忆可以作为临床心理诊断辅助标准，例如，焦虑障碍患者的症状经常表现为与威胁有关的自我定义记忆。躁郁症患者明显的特点是情绪极度变化，可以通过自我定义记忆发现哪些相关记忆被激活。如果自我定义记忆过度概括，具体化程度低，则有可能是防御机制等认知策略阻碍不良刺激的进一步意识化。

第二，具身空间忽视。作为心理空间核心的具身，在人们的生活中常常被忽视。先从身体进行探讨，在传统社会观念下，人们的生活中身体往往被当作工具被轻视，甚至被歧视，它是生存本能工具，加之身心二元论的影响，身体更不被重视。当遇到痛苦等情绪时，往往身体会先知先觉，若人们习惯性认为这些是不该有的，而且没必要知道，切断身体与情绪的连接，久而久之，身体逐渐干枯，心理空间成为无本之源，心理空间的体验也随之受到影响。让我们的视角回到具身空间，前面已提到具身空间有狭窄和宽广两个基本维度，从而构成了具身的动力机制，引发心理空间建立紧张和放松对抗关系。通常人们运用具身狭窄的紧张比运用宽广的放松更容易，因为从经济学角度理解，狭窄使躯体收缩，处于节省状态，遇到刺激后机体会自动调整至狭窄的紧张状态，如压抑、恐惧和疼痛时紧张相对占有优势。抑郁症患者由于无法使紧张和放松进行有节奏的竞争或分离，因此无法产生情感反应。

弗洛伊德认为自我首先是躯体自我，是意识产生的前提。自我与身体是同一主体，只有两者同一，才能对心理空间有整体觉知。具身的边界、结构和机能也不可避免影响心理健康。所以生活中要增强身体的觉知，当感受身体每个细胞时，它们就被激活，相应的能量也被激活，使机体的免疫系统增强，精神的免疫系统也增强。

第三，心理空间通透性问题。心理空间的边界是维持自我生活的基本保障，通透性过高或过低都会引发心理障碍。精神分裂症患者和躁狂症患者就是无法区分物理域与心理域的关系，夸大心理域作用，将心理域信息表征理解为物理域状态。焦虑症和恐惧症患者在三重认知语境中无法准确建立联系，强化情境空间意义，将其视为不安全。边缘型人格障碍患者关系混乱，无法将自身与他人的关系区分开。孤独症患者心理空间是封闭的，无法对他人进行心理表征，无法建立心理域。

三　心理空间与心理治疗

针对上述病理学原理，笔者提出以下心理治疗流程。

第一步，关注当下的心理空间。先从语境视角讨论。心理空间认知语境下的关系空间，以因果关系为主要内容，其中的认知语境包括历史语境和当下语境，两者相互联系，历史语境可以作为当下语境的历史背景，也可以作为当下语境的组成部分，具有间接意义，有时甚至引领当下语境，影响行为的发生。当描述心理空间时，需要考虑两者中哪一个起主要作用。因果关系在两种语境下也具有两种类型，即当下语境的因果关系和历史语境的因果关系。当下语境的因果关系通常表现为什么特定的情境结果产生特定事件，历史语境下的因果关系表现为什么心理空间在特定情况下具有某种特定属性。举个例子："为什么疫情期间，得病的却是我？"如果从当下疫情传染阶段所接触的传染源或间接接触的传播途径来分析因素，这是当下语境解释，如果对问题的回答是自身就有并发症状，有不注意卫生的习惯等，这是历史性的原因解释，通常两者不能相互取代，同等重要。

"当下"在这里有非常重要的意义，它指的是"此时此地"，先探讨"此时"含义。每个人的内心深处都有丰富的过去，这些活生生的过去一去不复返，但它并非凭借记忆完全复制在脑海里，存储时经过浓缩加工。存储什么，完全依赖自己的标准，最起码是有重要意义且值得保存的信息，这些标准也许并非有意总结，经常是无意识加工的结果。存储信息又是如何起作用的？主要是依赖当下。未来也并不存在，它只是个体在当下的愿望或计划而已。当下的"此地"意味着什么？在心理空间中存储的思想、情感等在当下何处起作用？个体出生后所经历的事件，包括创伤、人际关系模式，所熟悉的生活氛围等都会在当下的心理空间重现。尽管在临床心理学中，精神分析师经常通过梦、自由联想等技术通达过去，从而找寻过去真实的创伤，找寻过去真实的想法，找寻过去真实的情感，但是患者在这些技术引导下所谈及的过去，未必是活生生的过去再现，仍然是过去事件在当下的浓缩。之所以精神分析法有效，并非回归过去后，知晓了事件的真实状况，而是患者在回顾过去时，运用当下理解力、问题解决能力等各种资源，在当下的心理空间中不断整合信息，过去和现在的信息融合后形成了一个全息图，由此患者明晰了过去，创伤逐渐痊愈。结合当下概念，本研究进一步解释精神分析中的一个重要概念——移情。弗洛伊德等精神分析学家一致认为，移情是过去的情感经历在现在的重现，尤其是与重要他人的依恋等情感关系转移到此时此地他人身上。其实，正如上述，活生生的过去已不存在，人们所说的过去只是当下心理空间中的一部分经验，与其说回顾过去，不如说是关注现在的心理空间中遗留的一部分经验，改变一下视角，我们会更多看到当下的自我的现状如何，是如何影响当下的思想和行为的。

第二步，建构三种心理空间。在心理治疗中，除了治疗师和患者有各自的心理空间之外，还需要建构第三者心理空间，由患者提供自己的相关信息，治疗师借助这些信息建构一个临时心理空间，这个空间也被称为工作空间，它是治疗师工作的主要依据（见图4-1）。心理空间Ⅰ是治疗师和患者的主体性空间，封闭性更强，工作空间Ⅱ是公共性空间，相对开放性更强，是不断扩张的空间。随着两方互动的增强，在这里主体间性的交流和互动得以发生，正如早期母婴互动的过渡性空间一样。通过在第三者心理空间中的互动，患者自身心理空间的丰富性和灵活性逐渐增强。其中语言发挥媒介作用，通过叙述构造第三者心理空间。

图 4-1　心理治疗过程中的三种心理空间

第三步，借助叙事整合心理空间。治疗师发现不少患者的根本问题是心理空间语境片断化，或者心理内容太过狭窄，以致思维受阻，意义建构偏差，如果借助心理空间舞台自述自己的故事，会进一步促进心理空间整合。因为个体在叙事过程中会扩大心理内容，使片断细节连贯起来，形成整体语境，同时不断将生理、认知和情感的变化与心理、社会等因素结合在一起进行意义建构，正是在积极建构过程中自我重新定位。个体在叙述过程中，对心理空间事实的理解远远比事实本身重要，因为对事实的理解是个体在语义空间进行意义建构的结果，是自我对心理空间整合的基础。所以治疗师引导患者自述生活事件，可以帮助其开启一扇通向新故事、新情节、新的看待自我方式的大门，从而使患者意识到还有很多新的选择和新的可能性，进一步整合自身的心理空间。再就是叙事过程也是外化的过程，心理空间多种冲突和矛盾所引起的痛苦，通过叙事可以将痛苦与人分开，以解决痛苦为目的，再进一步通过语言加工，使患者能重新辨识冲突和矛盾，找出心理空间中各元素不容不符之处。叙事从何开始？从自我定义记忆开始，治疗师引导患者叙述一些故事，这些故事有以下属性：

①至少持续一年；
②非常清晰生动，现在想它的时候，感觉很重要；
③是生活中重要的持久的关注点或冲突，它能帮你解释你是怎样一个人，当你想让他人更深入理解你时，会谈到这些记忆；

④可能积极或消极，或者两者都有，总之它会让你产生强烈的情绪反应；

⑤这些记忆你已重复想过很多次，就像一幅熟悉画面一样。

上述五点内容的核心是自我定义记忆，无论是患者的移情还是治疗师的共情，都需要情感表达，双方如何能快速建立恰当的情感关系？自我定义记忆是桥梁。心理干预初期，如果以患者的自我定义记忆叙述为心理干预切入点，则患者的情感就像海浪一样，携带着动机，席卷着思维，以势不可当之势滚滚涌来，很容易引发移情，同时治疗师很容易理解来访者的矛盾和冲突，并产生一系列共情。这样治疗师短期内收集有效信息，缩短心理治疗进程，提高心理干预疗效。因此，叙事过程中治疗师协调患者，尽量全面详细以自我定义记忆为核心讲述自己是谁以及如何成为故事的主体，可以是面谈，可以是文字信件性的叙述，也可以寻找能代表生活中重要部分的一些照片、剪报等，鼓励患者借助这些工具或媒介更好地表述自我定义记忆。如果是图像，引导患者描述这些图像的思想、意义或对这些图像的感受。

临床实验证实积极建构自我定义记忆有利于明显降低特质焦虑，对自我更新有积极作用。由于感知空间信息有真实性和短暂性，所以不适宜作为相对稳定和持续的自我概念来源，相反如果自我概念仅仅依赖于语义空间抽象信息，会导致僵化，与现实失去联系。因此建构具有高度可塑性的自我定义记忆，作为目标系统、工作自我和自传体知识系统之间的中介，可以支持现实自我，激发目标实现导向，进而影响工作自我，从而降低特质焦虑。

第四步，引导对话自我从异化向同一性发展。以前的心理学把"自我"抽离出来，作为一个客观对象来研究其本质，这时的"我"不仅与客观世界割裂，而且是静态和被动的承受者。如何能突出自我的主体性和创造性，体现真实和动态的自我现状？对话自我研究提供了一个可行思路。治疗师运用对话自我的理论特性，引导患者通过去集中化突出各种对话自我的声音，接着是趋向集中化，引导多重声音进入整合阶段，达到自我同一。尽管对话自我的立场复杂多样，但并不是所有立场都能产生对话，所以在去集中化技术中治疗师与患者一起探讨力量强的问题关系，将其作为对话体，其中可以借助内在小孩的治疗方法、弗洛伊德的三个我的思想、空椅子技术、意向治疗等方法去集中化，如空椅子技术中治疗师与患者共同寻找内心冲突较大的两个或多个声音，让患者分别处于相应的立场，咨询师协助其探索各立场下的观点如何制约行为，哪个立场对目前的行为更具有建设性，哪个更具破坏性，让角色清晰、任务清晰、目标清晰，总之以达到个体思路清晰为目的。治疗师可以协助患者通过图或文字寻找重要对话自我立场，接着在其中进行意义相同或相反的选择，描述相同点和不同点是什么，相同或不同的原因何在，相互关系如何，反思上述内容是如何影响现在的生活的，鼓励患者创造一个新的叙事空间重新创建自我定义记忆。随着对话自我各立场之间的探讨，患者主动整合多种自我声音，逐渐实现心理空间的同一性、稳定性和持续性。在趋向集中化的过程中，治疗师协调患者赋予故事、图片或文字等信息以意义，进一步解释其中的社会文化环境等的线索意义，修正对这些信息的解释，重新看待自我。

临床中的普遍共识是统一的自我是个体正常发展和防止精神疾病的关键。因此，从心理健康的理念，减少自我立场或声音的数量，降低自我立场的异质性，将自我调控为一个同一体是心理干预的重要目标，此外，划分自我与他者之间的界线，从而降低不确定性也很重要。如果体验到不确定性时需要正视而非逃避，因为不确定性并非仅仅是一种积极的或消极的情感状态，而且也是自我体验，不确定性是一种警示，也是一种契机。

第五步，调整心理空间的情绪反应。情绪一般是伴随认知产生的，但是人们经常无法直接找到相应的认知，情绪却很容易感受到。因此治疗师可以尝试用心理空间模型调节情绪，先在心理空间中寻找负面情绪对立面，接着帮助患者通过以下六个阶段进行自我调节：

①认同并与负面情绪一起停留一会儿，给情绪命名，如"我知道我很难过"；

②跳出该情绪，进入对立积极情绪，因为新积极情绪能够改变之前的负面情绪；

③跳出对立积极情绪，自问积极的情绪给自己带来什么感觉；

④在对立情绪之间形成对话关系，不同的情绪会给自我以及心理

空间其他元素发出不同的信息，通过情绪之间相互交流，传递各自的建议、经验、疑问等，从而厘清问题，促使改变、创新和发展；

⑤整合这些情绪，将各种情绪组成一个合成物，关注合成物的意义；

⑥每种情绪发展成一个自我立场，通过自我的多重立场之间的对话整合各立场，引导自我向同一性水平发展。

以上六个阶段内容和顺序可适当调整。

第六步，及时捕捉心理空间的意识与无意识转化。心理空间中不仅有意识部分，也有无意识部分，心理空间的这种二元结构就像阴和阳两面，经常借助语言和非语言行为表现出来。当借助于语言工具表达意识时，无意识会暗藏其中，甚至是幕后操纵者，这两者经常相互交错，同时上演。如"我以为你是一个学识渊博的人，但认清你后发现你是一个爱慕虚荣的人"，这句话的意义不只是表达对一个人态度的转变，其实暗含了失望与批评之意，这些借助于语言隐喻出的态度是无意识层面的。再就是无意识经常通过细小的动作等非语言姿态弱弱地显露出来。这些表面上看似弱弱的行动，反而具有非常大的力量，因为这些无意识的根源更加接近生命形态本身水平，来自内在强大的需要、动机或欲望等内在生命力。弗洛伊德认为无意识就好像是触须，以感知觉与意识系统为媒介伸向外界，并且一旦触及外界的刺激就匆忙撤回，撤回是与外界互动时的一种防御措施，再次将感知觉与意识系统压抑于无意识之中。所以，在心理干预过程中，需及时关注患者意识与无意识转化，促使无意识意识化。

第二节 心理空间在空间隐喻中的作用

一 空间隐喻研究现状探讨

隐喻不仅是一种修辞手法，更是人们认知和解释世界的重要手段，所以隐喻不只存在于实验室和研究者的思维中，现实生活中也无处不在，其中空间隐喻是最普遍的一种，日常生活中抽象领域概念正是通过空间隐喻解释。目前大量的实验都在证实莱考夫的空间隐喻研究，垂直空间隐喻研究较多。日常生活中，快乐对悲伤、多对少、高势地位者对低势地位者、善良对丑恶等概念分别对应上和下的空间隐喻均得到现实性论证。由于地球引力，"上下"空间体验在认知活动中起到重要的作用，其中隐喻的规律性和普遍性使人类在认识事物时具有共同的思维方式。目前空间隐喻研究包括以下几方面。

其一，空间隐喻的实验验证。许多实验证实概念依赖空间隐喻进一步产生意义，其中动词、时间、道德概念和情绪概念等词的空间隐喻较多。实验结果表明，理解纵向动词将产生纵向的空间表征，同时这种空间表征影响了对纵向空间视觉刺激的加工，横向动词也具有同样的特点，从而证明了动词的理解需要依赖空间信息，语言加工系统与空间信息加工系统间有重叠。对于时间概念理解，同样依赖空间隐喻，波若迪特克（L. Boroditsky）的研究证明了人们对时间的认识依赖于空间信息，空间信息的变化会影响人类对时间信息的知觉。[1] 表达将来的词语增强被试对右侧刺激的反应，表达过去的词语增强被试对左侧刺激的反应。[2] 在道德概念的研究中，抽象的汉语道德概念可以激活垂直空间的具体概念，形成汉语道德概念的垂直空间隐喻，即"道德是上，不道德是下"的感觉运动经验。[3] 有关情绪概念的实验表明，启动积极情绪时被试对屏幕上方字母的反应时长显著短于对屏幕下方字母的反应时长。相反，启动消极情绪时被试对屏幕下方字母的反应时长显著短于对屏幕上方字母的反应时长。在汉语中人们更习惯用垂直空间表示概念，而英语母语者则更倾向于使用水平空间。[4] 权力的大小和地位的高低也具有垂直空间隐喻，强势权力、高地位和有控制感在上，弱势权力、低地位和无控制感在下。

---

① Lera Boroditsky, "Metaphoric Structuring: Understanding Time Through Spatial Metaphors," *Cognition* 75 （2000）: 18.

② Marc Ouellet, et al., "Thinking about the Future Moves Attention to the Right," *Journal of Experimental Psychology: Human Perception and Performance* 36 （2010）: 21.

③ 王锃、鲁忠义：《道德概念的垂直空间隐喻及其对认知的影响》，《心理学报》2013 年第 5 期，第 540 页。

④ Lera Boroditsky, O. Fuhrman, K. McCormick, "Do English and Mandarin Speakers Think about Time Differently?" *Cognition* 118 （2011）: 126.

具身空间隐喻有一种趋势，即垂直方向比水平方向空间隐喻强，积极词比消极词的空间隐喻强。由此可见，概念加工需要利用空间信息，情绪词、道德词和动词均可产生词汇空间效应，而且趋近身体的反应对积极词反应更快，远离身体的反应对消极词的反应更快。数字和时间同样也有空间表征机制。具体词形成的词汇空间效应似乎不依赖词的语义加工任务和句子情境，但是抽象词形成的词汇空间效应似乎依赖语义判断和映射规则。由此可见，概念加工需要借助具身空间隐喻的方式。但是，该理论仍存在问题。

其二，空间隐喻的实验方法探讨。研究空间隐喻有多种方法，其中之一为空间 Stroop 范式，在实验中空间线索可以强化被试对空间信息的注意。在空间线索化范式中，当启动线索词与目标词的空间位置相继出现时，性质相同，但有干扰效应，当启动线索词与目标词间隔出现时，性质相同，会产生促进效应。这些实验结果表明一致性效应有两个加工阶段，与概念意义相联系的空间注意的激活和具体知觉细节表征的模拟，词汇语义信息和目标刺激的知觉资源竞争可能导致干扰效应，但只是猜测。Simon 范式的经典任务是要求被试使用左手或右手对呈现在屏幕左侧或右侧的色块进行颜色归类，该效应的解释为位置编码（物体空间信息）自动激活了反应编码（物体运动信息）。这些方法都有不足之处。

其三，空间隐喻效应的理论解释。通常研究者采用知觉符号理论和概念隐喻理论解释空间隐喻效应。日常生活中感觉运动信息存储在大脑中，当理解一个指示物时，对应的感觉运动信息部分被激活，或具体的图式被自动激活。反应选择理论的解释是词汇的空间编码与效应器的空间编码对应性是词汇空间效应产生的基础。其中概念隐喻和知觉符号理论用来解释空间隐喻现象的较多。

二 空间隐喻理论存在的疑惑

研究者之所以青睐空间隐喻研究，主要想探讨抽象概念是如何借助空间隐喻产生意义的。基于传统分析哲学和先验哲学的第一代认知科学理论认为概念、逻辑等是不同的符号结构，也是理性能力的机能，它们本身没有意义，个体内在有一套负责理性推理的器官，将概念等符号与实际世界或可能世界的事物建立直接联系获得意义。但是第二代认知科学理论莱考夫和约翰逊的体验哲学，试图通过生命体本性和经验来描绘意义的特征，强调概念产生意义的依据是人体与世界相互作用时所产生的感知觉痕迹，更具体地说对概念的理解不只是大脑神经机制作用的结果，还与身体本性和身体经验密切相关，人们通过隐喻方式将身体经验和痕迹与概念相关联，其中空间隐喻是人类最常见和最重要的隐喻形式，它将记载痕迹与概念相关联的主要方式，对概念产生意义尤为重要。目前许多实证研究证实了莱考夫空间隐喻系列理论的缺憾，但这些实证研究本身也存在问题，即只停留在现状证实，而不寻绎原因，不诠释现状之所以然。

首先，现有具身空间隐喻的实证研究无法穷尽并归纳其普遍性，这也是多年来具身空间隐喻研究争论的焦点之一。许多研究者认为并非所有概念都可以借助具身空间隐喻来理解，目前所证实的概念有的基于强空间隐喻，其本身的效价极性与空间信息有关联（如积极与上，消极与下），或者基于语义对立关系（如反义词对），甚至一些语言学家认为某些语义元素只能由空间表象图式来表征，但其普遍性受到质疑。此外，还有多种因素影响具身空间隐喻理论，如一个概念可以用多种空间隐喻表征，或者一种空间隐喻可能表征多种概念，这导致空间隐喻与概念理解问题异常复杂，加之具身空间隐喻受历史、文化等因素影响，而这些因素又无法借助现有理论和具体实验方法验证。

其次，上述的实证结果表明空间隐喻在促使概念产生意义时发挥了重要的作用，可是原因何在？有研究者推测动词理解过程中会激活表征中的空间元素，并且这种激活是自动的、非策略性的，不受情境中客观因素或主观意愿的影响。[①] 那么"表征中的空间元素"指的是什么？大多数研究者借助知觉符号理论来解释，因为知觉符号多通道模态的相似性表征，正好符合概念的空间形象性特点，进一步说明概念加工是跨通道的信息分化表征。既然如此，空间隐喻又是如何有效整合被分化的表征信息的？如果这些信息自动整合，具身空间隐喻将消失，可是研究证实其存在，那么有可能存在一个更高级的系统来完成这一使命，目前还没有相关理论系统阐述。

---

① 伍丽梅、莫雷、王瑞明：《动词理解中空间表征的激活过程》，《心理学报》2006 年第 5 期。

大多数研究者借用莱考夫的容器图式等空间意象图式理论解释，可是该理论本身也受到质疑。一方面该理论提到的空间隐喻迁移方式随着身体经验和语境的变化而变化，概念隐喻过程可能出现不同层次和不同角度的叠加和交互，但是没有一种内在生理与认知机制的总括性解释，而且所涉及的"意象图式""格式塔感知""心理意象"等概念似乎说明躯体的空间元素特性，但实际上这些概念本身具有模糊性且含义交叉，难以厘清。另一方面该理论只能解释有限概念，并且只是单向映射，许多研究者已证实双向映射的存在，因此借助该理论是无法全面解释空间隐喻发挥作用的认知机制。巴萨洛试图借用空间形象性（spatial iconicity）效应进行解释，[①] 他在知觉符号理论中提到，通常人们依赖信息的知觉模拟对具体概念的意义进行建构和理解，加工概念时会自动激活并模拟其在现实中的空间位置，如果概念呈现的空间位置与现实相反，则判断反应时长因冲突延长。可见巴萨洛是基于具身因素对具体概念的空间形象性进行解释。抽象概念是否有空间形象性？命题符号理论给予肯定回答，该理论认为人们在运用语言的过程中逐渐形成概念网络，如空间一致性概念（天空—大地）比不一致概念（大地—天空）更常见，有可能影响语言关系的空间形象性，这是基于语言编码的结果。有研究者通过实验证实这一点，并且他们通过实验进一步证实概念产生意义时，基于具身因素和基于语言因素的空间形象性解释同时存在，在概念加工过程中，语言因素先被激活，并发挥持久的作用，具身因素仅在加工过程的中期发挥作用。[②] 既然如此，如何整合这些空间元素需要进一步探讨。

最后，空间隐喻中所涉及的不只是具身和语言等空间认识论信息，还有空间的本体论内涵，即空间提供一种认知语境，但是目前少有研究。结合第二代认知科学理论的观点，研究者普遍认为认知具有体验性和情境性，是大脑、身体和环境复杂整合的过程，隐喻木身作为认知的基本方式之一，是从一个认知域向另一个认知域的映射，因此对隐喻的研究脱离不

---

① Barsalou, L. W, "Perceptual symbol system," *Behavioral and Brain Science* 22 (1999): 577-660.

② 王汉林等：《道德概念的空间形象性：语言因素和具身因素的共同作用》，《心理学报》2020 年第 2 期。

了其体验性和情境性。如何更好地体验？莱考夫认为概念形成意义时，无论是基本层次图式还是经验或范畴，都与心理意象有关，按照莱考夫的解释，理解抽象概念时，人们往往借用感觉运动中枢使相应的抽象推理变得"可视化"。知觉符号理论提到"仿真器"的"仿真"作用，也提到认知系统在客体不在眼前时仍能够对其进行"仿真"。由此可见，概念以"被看见"形式生成意义，这是概念形成意义的特点之一。另一个显著的特点是"语境化"，认知语境是概念生成意义的基本保障。隐喻强调感觉运动中枢，人类基本吃和住所衍生的系列图式其实是具身语境，知觉符号理论强调认知和生理语境，命题符号理论强调概念的语义网络语境。除此之外还包括文化语境，尽管各个国家和民族的语言不同，影响意义生成的组织和框架具有非通约性，但通约性的语境是存在的。如兔子这一概念，如果用身体动作与之互动形成的心理图像后，无论哪个国家和民族的人们都会产生温顺的、无害的等类似相关语境知识。总之，在概念产生意义的认知机制过程中，"可视化"和"语境化"两大特点需要进一步完善和补充。本研究提出心理空间的理论试图补充这两大特点，也尝试回答上述系列质疑，完善具身空间隐喻的本体论和认识论。

三　心理空间补充空间隐喻理论的不足

心理空间体现了可视化、语境化和个体差异等心理现实性。首先，诉诸心理空间理论，可以突出意义主体。如果空间隐喻的目的是促使"概念产生意义"，那么意义（meaning）的主体是谁？应该是事物或者范畴的意义，还是人体验到的意义？无论传统客观主义经典理论还是经验主义都将范畴化视为概念产生意义的主要方法，因此，意义的主体是范畴。经典理论尤为强调人类思维的共同方式，范畴框架就是依据抽象符号共性而界定，概念作为符号，只有与客观事物相关联才能获得意义，因此，意义的主体是符号，与身体无关。莱考夫也认为范畴是产生和承载意义的符号，并非个体，但是范畴产生是与身体经验的生态结构密切相关的，因此意义的产生不仅依赖抽象符号的机械性操作，而且也依赖身体，但是这里所依赖的身体是人类共性的生理机制和感知运动经验，所以，经典理论和莱考夫的范畴观都有不足之处，意义的主体不应该是范畴或认知模式。所有人是否使用同样的概念系统？是否相同的概念产生相同的意义？这两个问题的答案都是否定的。实验表明，概念产生意义时所激活的知觉符号体现个体主动策略性选择过程，并非一对一机械映射。因为个体有独特的自我，自我是意义产生的引导者和体验者，心理空间可以为意义产生提供相关语境。因此，本研究尝试用心理空间理论，将莱考夫关注人类共性身体经验转向关注个体层面，概念产生意义的主体转向人自身，体现个体主动选择的结果，从而补充现有空间隐喻理论的不足。心理空间是以自我为核心的认知语境，是第一人称，其中任何元素都是自我对其感知和体验的结果，所以心理空间是自我的心理空间。自我包括身体、社会、语言和生态等多种维度，具有管理、协调等能力，主动协调心理空间，最终达到其内在一致性。因自我不同，其主体性和协调性不同，心理空间相异，心理空间因此有了个体性和独特性。因此，将范畴框架置于心理空间，使自我担当意义的主体，可以增强个体的概念化能力，所产生的意义可以更好地服务于个体生活。

其次，借用心理空间理论，可以更好地理解始源域和目标域对应的本体论和认识论意义。现有的空间隐喻是始源域与目标域的对应映射，如理解"拥抱意味着有感情"时，始源域"拥抱"经由感觉运动中枢，进一步借助身体经验"拥抱时感觉温暖"，或者称为映射法则，与目标域"感情"建立映射关系。依据对应映射观念，因为拥抱时感觉到生理温度，这种身体体验意味着心理温暖，而温暖与感情近义，则感情就可以用拥抱来隐喻，但这里的生理机制有待阐明。加之映射关系所依据的法则，本质上也需要借助隐喻来理解，如上述的核心概念之一是"温暖"，就因其具有生理和心理双重身体经验隐喻。借用心理空间理论可以避免循环论证。这是因为，无论始源域还是目标域自身都是关系空间，感情和温度各有自己的感觉空间、情境空间和语义空间，温度的感觉空间清晰，而感情的语义空间较浓，之所以产生隐喻关系，是因为两者有共性心理空间语境，即两个心理空间有重合之处，这正是语境叠加理论的应用。

最后，基于心理空间是本体意义的关系空间，可以更好地理解两个域之前的关系建构。心理空间不是外在世界于内在世界的全等排列，而是以一定关系联结的内在表征。这里所强调的关系不仅是外界事物之间联系的内在表征，也是个体心理空间内部认知过程、情感状态和意志倾向一致性关系体现；不仅有人与事关系，而且有人与人之间关系；不仅有人与人关系，也有自我之间关系；不仅有过去、现在和未来历时性关系，也有当下共时性关系；不仅有平面一维和二维关系，也有立体和多维拓扑关系。它可以超越外部世界在场的事物，借助符号意义从无数个相互关联的关系中提取出来，同时又可以跨越各种关系被重建，导致心理空间不断解构和建构，出现折叠、交叉、混界等特点，造成空间的无数维变换，内含时间断面有可逆特征，过去、现在和未来可以序列倒置或随意截取。心理空间因是关系空间，所以具有互动性和超链接性等特点，也正因是关系空间，所以有区别性和边界性，依靠边界界定和区分关系，保障每种关系的有序性，同时依靠边界区分自身和他人，区分内在与外在。心理空间关系性和边界性恰恰体现连续性和离散性表征的结合。如果用心理空间理解隐喻的本体论和认识论意义，很容易理解始源域和目标域的关系。

空间隐喻主要涉及概念的隐喻，从始源域到目标域需要语境衔接，那么真实物理空间及关系如何在个体心理空间中存在？这是空间表征需要研究的课题。日常生活中人们对空间的感知经常涉及对空间信息的思考，这一现实引发一系列问题，如空间表征形式问题、关于空间表征参照系问题等。空间表征是否需要媒介？空间表征和空间隐喻相同，同样需要心理空间作为中介。因为任何一种空间关系包含被定位物体、参照物体和参照系三个基本元素，被定位物体类比始源域，参照物体类比目标域，两者的关系并非完全一对一的内外关系，并非完全几何定向关系，仍然需要中介进行信息的转化，心理空间不仅涉及空间表征形式，也涉及参照系问题，以心理空间为媒介，可以很好解释物理域与心理域的关系问题。

综上所述，意义既不是单纯产生于客观事物，也不是主体纯粹主观思辨的结果，而是在身体经验的基础上，两者相互契合和不断建构的结果，其中空间信息不仅由具身和语言因素参与建构，而且语境为其提供建构的场所和动力，这正是心理空间意义所在。在现代多元化信息时代，意义的复杂性、多样性和差异性已成为常态，因此需要一个容器对其进行有序建构和整合，心理空间理念尝试承担此重任，当然其仍需要进一步完善和验证。

第三节　心理空间对知觉符号理论的修正及展望

随着认知科学的发展，关于信息如何表征的问题，第一代认知科学背景下的命题符号理论在实验证实过程中暴露了许多问题，如无法证明命题符号的存在，无法证实内在命题符号与外在刺激原型是任意的和语言学模式的，无法验证如何从知觉向命题符号转换等。这些验证过程恰恰给知觉符号理论提供了契机，研究者证实了记忆中存储的知识并不是命题网络，而是知觉符号。巴萨洛提出第二代认知科学的知识表征理论之一——知觉符号理论，强调认知在本质上是知觉性的，知觉与神经机制以符号形式共享系统，知觉符号是多模式多感觉通道信息组成的图解式，这些图解式与物体原型具有相似性，在长时记忆中整合成具有仿真功能的知觉符号系统，当事物不在眼前时仍能对其仿真。集具身性和情境性于一体的知觉符号理论更符合人类认知的实际，它所渗透的空间语境在知觉符号加工过程的基础作用，已得到大量实验的证实。这一系列理论和实践预示了空间隐喻的前提和基础意义，预示了心理空间的存在，但是少有研究者关注于此。基于这一研究趋势，本研究尝试对心理空间概念进行界定，并将知觉符号置入认知语境中，使知觉符号表征从相似性转向语境同一性，从静态性转向空间拓扑性，补充和完善知觉符号系统，进而为心理表征提供新的研究范式。

一　知觉符号理论证实心理空间的存在

知觉符号理论与命题符号理论差异的关键点是内在符号与外在物体原型间的关系，命题符号理论认为两者的关系是语言学模式的，而且是任意的，知觉符号理论尤其强调两者的相似性，即以身体和空间经验为基础，在各感官通道所形成的符号表征与外在物体具有相似性。我们以兔子为例分析知觉符号理论。首先，个体接受外界环境或自身知觉信息刺激后，通过各感觉通道和内省等形成各种知觉符号的神经表征，如白色、柔软的毛和各种行为等。其次，选择性注意将这些特征信息进一步分解，并且以图解式（schematic）存储于长时记忆中，形成表征兔子的基本符号。存储在长时记忆中的特征信息不断整合，当兔子不在眼前由仿真器（simulators）进行仿真（simulations），这些仿真最终整合为多个兔子的框架（frames），如草原上的野兔、家养的兔子、吃东西的兔子、跳跃的兔子等。框架这一认知结构与原物有相似关系，当原物变化时引起知觉符号变化，框架也随着原物的任意转换而转换。其实知觉符号理论与命题符号理论的本质区别在于知觉符号理论更加突出空间经验为语境的相似性，这种相似性体现在两方面。其一，物体原型与神经表征的空间相似性，只有这种相似性才能保证信息在各个感觉通道形成各种模式的知觉符号。其二，物体原型与存储在长时记忆中图式的相似性，只有这种相似性才能保证仿真效果，所以，空间性是相似性的前提。但是空间性的渊源何在？知觉符号理论中尚未提及。本研究尝试借用心理空间概念解答这一疑惑，将空间经验置于其语境下研究，这样对空间相似性的理解将更加清晰，心理现实性更强。

许多研究者验证知觉符号理论的心理现实性时，也证实了心理空间的存在。这些实验大致分为两类：第一类实验验证知觉符号与现实空间关系一致时的表征；第二类实验验证与现实空间关系无关的抽象空间概念表征。兹瓦等人的两个著名实验验证了第一类表征。实验一是被试看到"树冠—树根"词对纵向一致呈现时，被试反应时长最短。[①] 实验二是句图匹配范式，即先让被试阅读一个句子如"护林员看到天空中有一只老鹰"，接着图片有的呈现老鹰，有的没有，研究结果表明，被试对展翅老鹰的反应时间短于合翅老鹰，对合翅老鹰的反应时间又短于没有老鹰的图片。这证实了在知觉符号系统中集聚了各感官通道的大小、形状、颜色和位置等信息，被试在判断时自动激活内在心理空间的相关语境。[②] 这两个实验证实了内外符号同构或相似时空间表征一致性存在，国内许多学者证实了该结果。当知觉符号与外在物体原型有相似性关系时是否存在表象表征效应？与现实无关的抽象概念是否也存在知觉符号心理空间表征？第二类实验进一步验证这些疑惑。王瑞明等设计了一系列语义空间判断任务，即纵

---

① R. A. Zwaan, R. H. Yaxley, "Spatial Iconicity Affects Semantic Relatedness Judgments," *Psychonomic Bulletin & Review* 87（2003）：568.

② Robert A. Stanfield, Rolf A. Zwaan, "The Effect of Implied Orientation Derived from Verbal Context on Picture Recognition," *Psychological Science* 12（2001）：154.

向呈现一系列词对材料，包括原型距离相对较远的"树冠—树根"和原型距离相对较近的"树冠—树干"，此外还有与材料语义无关的其他词对，如果依据表象表征进行推测，被试对原型距离相对较远的词对的反应时间较原型距离相对较近。但实验结果表明，被试对两者的反应时间与准确率结果完全一致，这说明指代物原型空间距离远近并不影响语义相关判断，排除表象表征，抽象概念也会产生心理空间表征，其中语义空间关系越接近，反应时间越短。① 除了这些词对匹配、句图匹配和语义启动等语言表征研究范式之外，抽象思维过程研究范式同样表明，人类依据心理空间表征形式进行思维，② 更加抽象的时间认知也是依赖心理空间表征的。因此，无论具体空间表征还是抽象空间表征，与外界空间原型映射相对应的心理空间是存在的。

二 心理空间语境同一性补充知觉符号理论不足

心理空间不仅存在，而且可以完善和补充知觉符号理论。有研究表明知觉符号的相关实验证据只涉及部分具体可成像概念，但是逻辑概念、数学概念，还有正义、民主等抽象社会概念的证据不足，因此大多数研究者认为其与命题符号理论同在。③ 那么两者是共存关系，还是存在于不同的加工阶段？目前少有研究深入探讨。此外，知觉符号理论还受到质疑，即如何有效组织来自不同感觉通道信息？其实人类的认知系统极其复杂，如认知缺陷病患者的特异性认知，加之，表征选择经常受意识、语境和情绪等的调控，因此信息表征呈现多元化，但是如何阐释多元化表征？在一些文章中也提到可能存在一个高级的系统来组织这些信息，从而形成一个完整的知觉表征。④ 可是作为整合的高级系统是什么，目前还不清楚。心理空间理论尝试解答上述种种疑惑。其实上述实验在证实心理空间存在的同时，也分别证实了其中感知空间、心境空间和语义空间的存在，其完全不

---

① 王瑞明、莫雷、伍丽梅：《空间信息表征对语义相关判断的影响》，《心理科学》2006 年第 6 期。
② 沈曼琼等：《二语情绪概念理解中的空间隐喻》，《心理学报》2014 年第 11 期。
③ 沈曼琼等：《二语情绪概念理解中的空间隐喻》，《心理学报》2014 年第 11 期。
④ 沈曼琼等：《二语情绪概念理解中的空间隐喻》，《心理学报》2014 年第 11 期。

同于表象表征，在存储和提取过程中依据仿真的需要灵活分解并重新整合，是一个整合的心理表征。

内在符号与外在物体原型的关系是命题符号理论与知觉符号理论争论的焦点，知觉符号理论明确表态二者具有相似性，许多实验证实了相似性体现在知觉符号在"物理域"、"神经域"和"心理域"三个域中，其实这就是认知语境相似。普瑞丝（J. J. Prinz）提出所有概念表征，包括与概念类别相对应范式的经验，都是固有的感觉或运动神经模拟，并将之称为模式特异性假说。这种假说类似休谟格言的现代版本，"我们所有的想法都只是我们印象的副本"。巴萨洛也提到神经生理学再现是语境模拟的结果。知觉符号理论进一步强调实现相似性的途径是借助仿真器模拟，仿真对象又是什么？是外形、情景和语义特征等，还是认知语境？可见，认知语境是实现相似性的基础。因为模拟是无意识粗略的图解，如对兔子的视觉模拟可能只涉及形状没有颜色，至于在多种图式的知觉表征中激活哪个，模拟哪部分，视语境而定，不同的意义需要相应的认知语境。因此，依据知觉符号理论，每个零碎的图式记忆片断都有一定的认知语境，正吃草的兔子、跑着的兔子等图式各自依据一定的语境存储在长时记忆中，一旦因需要被激活，则在仿真器的引导下形成框架。如果用心理空间理论就能更加清晰理解认知语境下符号的加工过程。先将图式、框架置于一个空间的认知语境，满足知觉符号理论所强调的空间关系特性条件，借用舞台来比喻心理空间，心理空间的自我类似导演，仿真器是舞台上的光亮空间，聚光灯所在之处，就是仿真器在自我的指导下，依据刺激原型对部分图式进行加工的场所，正在加工的核心图式类似演员，以其为核心在这里建构一段情境，演绎一段故事，情境和故事随着仿真器的仿真作用不断变化。因此，被激活的图式包括形状、大小、颜色和位置等信息组成一个语境，其中包括生理、心理和社会因素等内容，加工后人们体验到的心理空间不是混杂的图式，而是一个个相互关联的空间语境。最终的加工目的是使原型与心理空间表征关系达到语境同一，模糊的相似性表述会让人们对知觉的理解再次回到命题符号理论中的符号与大脑之间的逻辑关系中，其实知觉表征已经逾越了大脑的疆界，进入语境范式。

"语境同一性是指表征关系中两个客体通过语境叠加而形成的特定语

境中联系的性质，即相互储存、相互贯通、相互适应的性质，它使两个客体在属性、结构、表达形式和解释等方面取得一致性。"① 如果将知觉符号理论置于语境范式下审视，其核心思想内外表征就是语境同一性，即外在的原型和内在心理空间认知语境的同一性，这里语境的同一不只是相似类比，如感知空间和部分心境空间可以相似类比，而且语义空间与原型的符号表征也充分体现语境同一性，是规则对应和概念指代等语境关联方式。依据语境同一性理论，我们也可以理解为当且仅当在特定的心理空间认知语境中，知觉符号这一中介与外界信息发生部分或完全匹配，从而使外界物理原型与内在心理空间在结构、属性和表述方式上相一致，知觉符号表征的关联性和中介性是满足语境同一性的充分必要条件。因此，从语境入手，借助语境同一性方法，可以整合知觉符号具体形象概念和抽象概念的表征，突出表征的意向性特征。

接下来又有一个疑问，实现语境同一的动力源泉是什么？或者从知觉符号理论来说，仿真器加工的动力来自哪里？是心理空间的核心——自我，其充当决策和权衡信息的执行者，在表征中起主体性作用。当接收外界刺激时，自我在心理空间中组织和整理信息，基于一定的意义和语义主动选择中介客体和目标客体建构表征关系。因此，符号表征因有了自我使仿真有了主动性，表征的客体因特定意义和语义而有了边界，知觉符号表征可以随着外界物理原型的变化从一个表征进入另一个表征，预示着动态表征的转向，也预示着多个心理空间表征存在，语境同一性理论扩展了知觉符号表征理论。

三 心理空间使知觉符号表征从静态性转向空间拓扑性

知觉符号理论为了更好解释知觉表征，借用仿真器、框架和图解式等概念，将知觉符号进行静态元素分析，用隐喻的方式分步骤诠释表征过程，当下知觉符号瞬间被硬生生隔离，其实这种研究理念背离知觉格式塔心理现实性，知觉有其独特的动态性和整体性特点，超越了感觉一对一的信息登记，知觉拓扑是体现整体性主要原因，拓扑知觉是视觉系统的基本

---

① 魏屹东：《科学表征：从结构解析到语境建构》，科学出版社，2018，第667页。

单位，这一点认知心理学者已通过实验论证，拓扑知觉的大脑相应区域为左侧颞叶。空间拓扑性表明大脑对空间的知觉是对关系的知觉，人们在知觉时首先立足于拓扑不变性的关系，这些理论再一次证实了用心理空间理论理解知觉符号符合人类认知科学现状，心理空间的连续性和流变性等拓扑性质能更加充分解释邻域关系和知觉过程。这一点在前面已有论证，这里不再赘述。

　　总之，心理空间理论更加突出知觉符号理论的多种特征。第一，关系性。心理空间是一个关系空间，它不是外在世界于内在世界的全等排列，而是以一定关系为联结的内在表征。这里所强调的关系不仅是外界事物之间联系的内在表征，也是个体心理空间内部认知过程、情感状态和意志倾向一致性关系体现；不仅是人与事关系，也有人与人之间关系，包含自我之间关系；不仅有过去、现在和未来历时性关系，也有当下共时性关系；不仅有平面一维和二维关系，也有多维立体关系；等等。它依靠边界区分关系，保障每种关系的有序性；也可以超越在场的事物，借助符号意义从无数个相互关联的关系中提取出来，跨越各种关系被重建，使心理空间不断解构和建构；同时又可以依据自我的需求，产生折叠和交叉等。心理空间关系性和边界性恰恰体现连续性和离散性表征的结合。第二，体验性。知觉符号理论所涉及的体验性是体验到知觉符号的意义，而心理空间理论赋予体验主体——自我，更加突出主观体验性。李恒威用"我"—觉知—(X) 这一公式强调自我在体验中的作用，只有自我才能产生体验，更体现"仁者见仁，智者见智"的个性化特点。第三，多产性。尽管知觉符号理论已突破了命题符号理论中的单一性表征，利用有限的符号建构无数概念和言语结构，但是心理空间不仅满足知觉符号理论在内容方面的多样性，而且形式多样，其动态拓扑特点更加突出多产性。

　　因此，心理空间整合知觉在"物理域"、"神经域"和"心理域"三方面表征，整合命题符号理论和知觉符号理论，补充和完善认知表征研究，不仅具有人类认知过程本体论意义，也具有认识论和方法论意义，符合认知科学的心理现实性。

结　语

　　自从人类意识到体内和体外之分后，内心世界便吸引着人们不断探索。一方面人们诉诸物理世界和生活经验，形象表达内心的状态，如"心宽"等，并无意识应用到生活中，可谓从生活中来，到生活中去。另一方面哲学家、语言学家和心理学家尝试通过思辨法、实验法等研究内在世界，但是研究者更多关注时间的烙印，无暇顾及空间的特点。随着时代发展，目前人们的生活和研究现状都发生变化，当前快节奏下时空压缩，大量信息瞬间以各种方式扑面而来，个体内在世界就像容器一样，瞬间需要容纳和消化多元化复杂信息，常常处于应激状态，焦虑不安或者抑郁无助。再看看当下研究现状，在第三代认知思潮影响下，认知语境研究已相对成熟，具身认知研究也如火如荼，因此，本研究立足于生活视角，将心理学和认知哲学相结合，探讨内在世界诸问题。

　　首先，本研究探讨心理空间的本质问题。心理空间与精神空间、意识空间、虚拟空间、心理场域等概念不同，是第一人称下的身体、社会、语言和生态等多因素的结合，包含认知、情感和意志等多方面信息组成的关系域。本研究并不是将心理空间类比为容器，容纳各种多元化的心理内容，而是探讨当这些内容置于其中时所产生的关系域特点，关系空间中不仅包括自我之间的关系、人与人的关系、人与事的关系，而且包括历时性和共时性关系，也有因果关系和其他相邻关系。这些关系并非静态表征，而是时刻处于多变的动态关系之中，在这里允许无序存在，容错性强，所以心理空间可谓关系重重，但时常保持语境同一。

　　其次，诠释心理空间的结构。心理空间起源于具身空间，这一点在人类生存过程中体现得尤为深刻，即使抽象的语义空间，也是具身空间演绎的结果。不仅如此，具身空间也是心理空间的动力之源，具身体验到的宽与窄牵动机体紧张和放松，唤醒相关联的认知和情绪。第一人称下的心理空间的核心是多重自我共存状态，因自我具有形而上、社会、生理和语言语境，所以第一人称下的心理空间经常处于多重语境对话中。心理空间又以拓扑结构实现自我多重对话，以拓扑结构反映对话中的各种关系。基于几何学、心理发展视角、心理内容视角，心理空间实为拓扑结构，动态的关系网络依据拓扑理念进行位移和变化，实现建构、解构和再建构。

再次，建构心理空间的三重认知语境维度。心理空间外在结构是拓扑结构，认知语境是连接心理空间的内有脉络，依据这一脉络心理空间又可分为感知空间、情境空间和语义空间三重维度。在认知语境三重模型的工作机制流程中，工作自我是启动者与协调者，统一组织、协调和管理三重维度之间关系，三重维度各自有相应的认知运行机制，又在自我定义记忆的桥梁作用下相互协调。心理空间三重认知语境模型是表征更是生成，是心理内容更是功能结构，即有方向性又有边界，即呈现扩展现状又有压缩趋势。

最后，心理空间理念的应用。心理空间在临床心理干预、空间隐喻理论和知觉符号理论三个领域可以体现其最大价值。在心理病理学中，心理空间不仅可以作为评估心理问题和心理障碍的依据，而且在心理治疗体系中，其清晰的干预步骤可以弥补当前认知治疗的不足，将西方心理治疗理论本土化。再就是心理空间可以作为始源域和目标域的中介，可以更好诠释概念隐喻的意义。它也进一步补充知觉符号理论不足，引导知觉符号从静态转向空间拓扑动态，实现语境同一。

综合而言，本研究探讨了心理空间概念存在、本质存在、结构存在和机制存在，并基于哲学、语言学和心理学等领域成果进行论证，达到了预期的目的，但是实践上的证据还是不足，比如心理空间的三重维度，还可以通过质性访谈法，结合现实中人们真实生活理念进行分析，也可以将质性研究和量性研究相结合，编制问卷，通过实测、大数据统计分析等进一步验证心理空间存在，验证其三维度区分，笔者将在随后研究中继续补充。

使心理空间服务于心理健康教育，这是本研究的初衷。一方面个体能借助心理空间理念认清内心世界的复杂本质，厘清复杂关系背后的有序性，提高心智活动的灵活性。另一方面该理念可以运用于临床心理咨询与治疗，将现有理论与哲学咨询相结合并付诸实践，从而更好理解人性，理解心理问题背后的价值观语境，弥补心理层面干预的不足，再从实践层面进一步完善现有的心理咨询与治疗理论，更好地服务于心理健康教育与心理咨询，这些将成为笔者今后的实践任务。

近几年笔者侧重哲学学习，认知哲学已以智者的姿态走进笔者的生活，为科研打开一扇大门，为生活流入新的血液，相见恨晚。未来，笔者将在哲学思想这盏耀眼明灯的引领下，继续探寻科研之路。

参考文献

B.K. 里德雷：《时间、空间和万物》，李泳译，湖南科学技术出版社，2002。

巴尔斯：《在意识剧院中——心灵的工作空间》，陈玉翠等译，高等教育出版社，2002。

巴赫金：《哲学美学》，晓河等译，河北教育出版社，1998。

包亚明主编《现代性与空间的生产》，上海教育出版社，2003。

边馥苓、王金鑫：《现实空间、思维空间、虚拟空间——关于人类生存空间的哲学思考》，《武汉大学学报》（信息科学版）2003 年第 1 期。

陈家旭、魏在江：《从心理空间理论看语用预设的理据性》，《外语学刊》2004 年第 5 期。

陈群志：《詹姆士的时间哲学及其现象学效应》，《学术月刊》2016 年第 4 期。

陈亚军：《皮尔士对于心理主义的符号学批判及其实用主义效应》，《江苏社会科学》2008 年第 2 期。

陈颜、缪绍疆：《创伤的自传体记忆模型》，《中国临床心理学杂志》2015 年第 6 期。

戴好运、徐晓东：《违实语义的加工机制》，《心理科学进展》2017 年第 5 期。

邓小凤、袁颖、李富洪、李红：《拓扑几何在知觉组织与空间概念形成中的运用——拓扑知觉理论与拓扑首位理论概述》，《心理科学》2013 年第 3 期。

丁尔苏：《论皮尔士的符号三分法》，《四川外语学院学报》1994 年第 3 期。

丁凤琴、王冬霞：《道德概念具身隐喻及其影响因素：来自元分析的证据》，

《心理科学进展》2019年第9期。

董莉：《空间隐喻的辩证思考》，《解放军外国语学院学报》2000年第6期。

杜伟宇：《心理模型及其探查技术的研究》，《心理科学》2004年第6期。

多琳·马西：《保卫空间》，王爱松译，江苏教育出版社，2013。

费希特：《人的使命》，梁志学、沈真译，商务印书馆，1982。

丰国欣：《拓扑心理与推理变体》，《西安外语学院学报》2004年第3期。

冯雷：《理解空间：现代空间观念的批判与重构》，中央编译出版社，2008。

冯雷：《心理学路径对空间哲学的影响——从形而上学空间到知觉空间》，
　　《马克思主义与现实》2008年第1期。

冯晓峰：《黑格尔的自我意识理论及其意义》，《学术探索》2004年第6期。

弗雷德里克·亚当斯、肯尼斯·埃扎瓦：《认知的边界》，黄侃译，浙江大
　　学出版社，2013。

符彬：《感觉质：一种表象分析》，《重庆师范大学学报》（哲学社会科学版）
　　2016年第4期。

高申春、甄洁：《科学心理学的观念与人文科学的逻辑奠基》，《心理学探
　　新》2019年第3期。

高新民、陈元贵：《情景化转向、模式与自我的新扣问——加拉格尔的自
　　我模式论及其方法论变革意义》，《江西社会科学》2019年第7期。

高新民：《心理内容：心灵自我认识的聚焦点》，《甘肃社会科学》2008年
　　第4期。

郭贵春：《语境与后现代科学哲学的发展》，科学出版社，2002。

郭贵春：《语义分析方法与科学实在论的进步》，《中国社会科学》2008年
　　第5期。

郭佳宏：《基于概念空间理论的概念进化》，《学术研究》2009年第2期。

郭建恩、许百华、吴旭晓：《国外隐喻的理论研究与实践应用》，《心理科
　　学进展》2004年第4期。

郭熙煌、舒贝叶：《空间感知与语义结构的动力意象》，《天津外国语学院
　　学报》2004年第2期。

海德格尔：《存在与时间》（修订译本），陈嘉映、王庆节译，三联出版社，
　　1999。

韩民青：《时间：生成中的空间》，《济南大学学报》（社会科学版）2012
年第 4 期。

郝海平、范宁：《反应模式对时间空间一致性效应的影响》，《心理与行为
研究》2019 年第 2 期。

何承林、郑剑虹：《叙事认同研究进展》，《中国临床心理学杂志》2016 年
第 2 期。

贺熙、朱滢：《社会认知神经科学关于自我的研究》，《北京大学学报》（自
然科学版）2010 年第 6 期。

赫尔曼·施密茨：《身体与情感》，庞学铨、冯芳译，浙江大学出版社，2012。

胡成恩：《主体的界限：从两个数学隐喻看拉康主体概念的悖论属性》，
《鄂州大学学报》2015 年第 7 期。

胡塞尔：《笛卡尔沉思与巴黎讲演》，张宪译，人民出版社，2008。

胡塞尔：《内时间意识现象学》，倪梁康译，商务印书馆，2009。

胡竹菁：《Johnson-Laird 的“心理模型”理论述评》，《心理学探新》2009
年第 4 期。

胡壮麟：《认知隐喻学》，北京大学出版社，2004。

黄传根：《回顾与展望：大陆学界“哲学咨询”研究述评》，《自然辩证法
通讯》2019 年第 11 期。

黄作：《从他人到“他者”——拉康与他人问题》，《哲学研究》2004 年第
9 期。

黄作：《是我还是他？——论拉康的自我理论》，《南京社会科学》2003 年
第 6 期。

季晓峰：《从认识主体返回身体主体——论梅洛-庞蒂身体哲学视角下的
“主体性”概念》，《福建论坛》（人文社会科学版）2010 年第 4 期。

江怡：《康德的空间概念与维特根斯坦的理解》，《北京师范大学学报》
（社会科学版）2011 年第 3 期。

江怡：《如何把握思想的脉络：一种哲学拓扑学的视角》，《哲学研究》2006
年第 1 期。

江怡：《如何从拓扑学上理解哲学的性质》，《中国社会科学院研究生院学
报》2010 年第 3 期。

江怡：《什么是概念的拓扑空间?》,《世界哲学》2008 年第 5 期。

江怡：《思想的镜像——从哲学拓扑学的观点看》,安徽人民出版社,2008。

江怡：《哲学拓扑学：性质、任务与方法》,《人民论坛·学术前沿》2012
　　年第 9 期。

考夫卡：《格式塔心理学原理》,黎炜译,商务印书馆,1936。

孔明安：《精神分析维度中的实体和主体——论拉康-齐泽克的"实体即主
　　体"》,《哲学研究》2011 年第 3 期。

黄益民：《二维语义学及其认知内涵概念》,《哲学动态》2007 年第 3 期。

蓝纯：《从认知角度看汉语的空间隐喻》,《外语教学与研究》1999 年第
　　4 期。

李大强：《对象、可能世界与必然性——〈逻辑哲学论〉的本体论分析》,
　　《吉林大学社会科学学报》2007 年第 6 期。

李恒威、盛晓明：《认知的具身化》,《科学学研究》2006 年第 2 期。

李恒威、肖家燕：《认知的具身观》,《自然辩证法通讯》2006 年第 1 期。

李恒威：《意识：从自我到自我感》,浙江大学出版社,2011。

李姝姝：《城市过渡空间边界探讨》,《工程与建设》2012 年第 5 期。

李王利：《个体与空间——试析莱布尼茨与中国哲学的亲和性》,《同济大
　　学学报》（社会科学版）2005 年第 4 期。

李小平：《Linda 问题的表象——命题双表征解释视角探究》,《心理学报》
　　2016 年第 10 期。

李昕桐：《新现象学的情境理论对心理治疗的影响》,《广东社会科学》2015
　　年第 6 期。

李秀玲、秦龙：《"空间生产"思想：从马克思经列斐伏尔到哈维》,《福
　　建论坛》（人文社会科学版）2011 年第 5 期。

李焰、周子涵：《心理咨询与治疗过程研究的新方向——新异时刻》,《西
　　北师大学报》（社会科学版）2016 第 6 期。

李宇明：《空间在世界认知中的地位——语言与认知关系的考察》,《湖北
　　大学学报》（哲学社会科学版）1999 年第 3 期。

李子健、张积家、乔艳阳：《具身理论分歧：概念隐喻与知觉符号观》,《科
　　学技术哲学研究》2018 年第 2 期。

廖德明：《认知的界限之争及其辨析》，《自然辩证法通讯》2013 年第 2 期。

廖华英、颜小英：《元空间的认知研究》，《东华理工大学学报》（社会科学版）2008 年第 2 期。

廖平平、刘岩：《情景预见的认知机制：情景建构与语义支撑》，《中国临床心理学杂志》2017 年第 1 期。

林枫：《网络思维：基于点线符号的认知图式和复杂性范式》，《自然辩证法通讯》2011 年第 1 期。

刘辰诞：《论元结构：认知模型向句法结构投射的中介》，《外国语（上海外国语大学学报）》2005 年第 2 期。

刘荡荡：《简论弗吉尼亚·伍尔夫的现代主义时空观》，《天津外国语学院学报》2004 年第 2 期。

刘革、吴庆麟：《情境认知理论的三大流派及争论》，《上海教育科研》2012 年第 1 期。

刘国辉：《图形−背景空间概念及其在语言中的隐喻性表征》，《外语研究》2006 年第 2 期。

刘国威：《拓扑心理学与认知语言学的隐含关联性研究》，《重庆大学学报》（社会科学版）2006 年第 5 期。

刘怀玉：《西方学界关于列斐伏尔思想研究现状综述》，《哲学动态》2003 年第 5 期。

刘丽虹、张积家：《空间−时间隐喻的心理机制研究》，《心理学探新》2009 年第 3 期。

刘少杰、王春锦：《网络外卖的时空压缩与时空扩展》，《学术界》2017 年第 3 期。

刘翔平、郭文静、邓衍鹤：《关系图式的理论发展及其实践意义》，《北京师范大学学报》（社会科学版）2016 年第 4 期。

刘晓力：《交互隐喻与涉身哲学——认知科学新进路的哲学基础》，《哲学研究》2005 年第 10 期。

刘晓力：《延展认知与延展心灵论辨析》，《中国社会科学》2010 年第 1 期。

刘岩、刘静、王敏楠：《心理时间旅行与自我：发展中关系模式的转换》，《心理发展与教育》2016 年第 1 期。

刘岩、杨丽珠、徐国庆：《预见：情景记忆的未来投射与重构》，《心理科学进展》2010年第9期。

刘宇红：《可能世界与心理空间》，《湘潭大学社会科学学报》2002年第5期。

刘宇红：《心理空间与语用解歧策略》，《当代语言学》2003年第2期。

刘占峰、高新民：《心灵观念的语言学之源——兼评杰恩斯关于心理语言的"古生物学研究"》，《郑州大学学报》（哲学社会科学版）2007年第3期。

刘志斌、高申春：《具身认知观的身体样态分析》，《心理学探新》2017年第1期。

鲁艺杰：《范畴的建构——莱考夫涉身隐喻意义理论的认知基础》，《学术交流》2016年第3期。

鲁忠义、孙锦绣：《语义空间的研究方法》，《心理学探新》2007年第3期。

吕军梅、鲁忠义：《为什么快乐在"上"，悲伤在"下"——语篇阅读中情绪的垂直空间隐喻》，《心理科学》2013年第2期。

罗姆·哈瑞：《认知科学哲学导论》，魏屹东译，上海科技教育出版社，2006。

罗志野：《我是谁——对人的心理哲学思考》，东南大学出版社，2011。

麻海芳、王碧莉、陈俊、陈秀珠、陈子豪：《声音概念垂直空间隐喻表征的初步探讨》，《心理科学》2018年第3期。

马冬：《语境转换中的心理空间建构》，《外语学刊》2016年第4期。

马元龙：《主体的颠覆：拉康精神分析学中的"自我"》，《华中师范大学学报》（人文社会科学版）2004年第6期。

梅洛-庞蒂：《知觉现象学》，姜志辉译，商务印书馆，2012。

孟伟：《交互心灵的建构——现象学与认知科学研究》，中国社会科学出版社，2009。

莫雷、伍丽梅、王瑞明：《物体的空间关系对语义相关判断的影响》，《心理科学》2006年第4期。

牟炜民、赵民涛、李晓鸥：《人类空间记忆和空间巡航》，《心理科学进展》2006年第4期。

倪梁康：《关于空间意识现象学的思考》，《中国现象学与哲学评论》2010

年第 6 期。

宁如：《心理体验及其对象类型——试论迈农的意向性理论》，《现代哲学》
　　2002 年第 4 期。

潘磊、杨家友：《皮尔士的符号心灵观》，《武汉大学学报》（人文科学版）
　　2009 年第 4 期。

庞西院：《梅洛-庞蒂的现象空间：身体、知觉与体验》，《长沙理工大学学
　　报》（社会科学版）2014 年第 5 期。

庞学铨：《新现象学之"新"——论新现象学的主要理论贡献》，《浙江学
　　刊》2017 年第 4 期。

齐沪扬：《现代汉语空间问题研究》，学林出版社，1998。

齐美尔：《社会是如何可能的：齐美尔社会学文选》，林荣远编译，广西师
　　范大学出版社，2002。

齐振海、蔡坚：《中西古代空间认知观的对比研究》，《重庆大学学报》
　　（社会科学版）2007 年第 6 期。

乔治·莱考夫：《女人、火和危险事物：范畴显示的心智》，李葆嘉等译，
　　世界图书出版公司，2017。

萨特：《存在与虚无》，陈宣良等译，生活·读书·新知三联书店，2007。

尚杰：《空间的哲学：福柯的"异托邦"概念》，《同济大学学报》（社会
　　科学版）2005 年第 3 期。

邵意如、周楚：《事件切割：我们如何知觉并记忆日常事件?》，《心理科学
　　进展》2019 年第 9 期。

申荷永：《充满张力的生活空间——勒温的动力心理学》，湖北教育出版
　　社，1999。

申玖：《参照物理动力学理论建构心理动力学体系的初探——来自〈拓扑
　　心理学原理〉的启发》，《延安大学学报》（自然科学版）2010 年第
　　3 期。

沈曼琼、谢久书、张昆、李莹、曾楚轩、王瑞明：《二语情绪概念理解中
　　的空间隐喻》，《心理学报》2014 年第 11 期。

沈政、方方、杨炯炯等编著《认知神经科学导论》，北京大学出版社，2010。

盛晓明、李恒威：《情境认知》，《科学学研究》2007 年第 5 期。

施铁如：《语境论与心理学的叙事隐喻》，《华南师范大学学报》（社会科学版）2004 年第 4 期。

宋荣：《心理内容：探索心灵世界的新维度——当代心理内容研究的最新进展》，《江汉论坛》2012 年第 4 期。

隋洁、朱滢：《自我的神经心理学研究进展》，《中国特殊教育》2004 年第 6 期。

孙毅：《认知隐喻学多维跨域研究》，北京大学出版社，2013。

索杰：《第三空间——去往洛杉矶和其他真实和想象地方的旅程》，陆扬等译，上海教育出版社，2005。

谭锦文：《认知语境及其构建》，《阜阳师范学院学报》（社会科学版）2004 年第 2 期。

谭晓云：《心理空间视域中的提问研究》，《昆明学院学报》2009 年第 1 期。

唐孝威、黄华新主编《语言与认知研究》，社会科学文献出版社，2007。

童强：《空间哲学》，北京大学出版社，2011。

汪胤：《皮尔士现象学及其意义》，《上海交通大学学报》（哲学社会科学版）2008 年第 2 期。

汪震：《实在界、想象界和象征界——解读拉康关于个人主体发生的“三维世界”学说》，《广西大学学报》（哲学社会科学版）2009 年第 3 期。

王定升、赵国瑞：《格式塔心理学的整体观及其对心理学的影响》，《湖北经济学院学报》（人文社会科学版）2008 年第 4 期。

王金龙、曾绪、鲜大权：《对象概念的具身认知能力模型构建》，《心理学探新》2019 年第 3 期。

王丽丽：《复合隐喻的认知心理图式》，《外语学刊》2010 年第 6 期。

王铭、江光荣：《情绪障碍及其干预：心理表象的视角》，《心理科学进展》2016 年第 4 期。

王鹏、潘光花、高峰强：《经验的完形——格式塔心理学》，山东教育出版社，2009。

王茜：《拉康：镜像、语符与自我身份认同》，《河北学刊》2003 年第 6 期。

王全智：《可能世界、心理空间与语篇的意义建构》，《外语教学》2005 年第 4 期。

王瑞明、莫雷、李利、王穗苹、吴俊：《言语理解中的知觉符号表征与命题符号表征》，《心理学报》2005 年第 2 期。

王瑞明、莫雷、伍丽梅、李利：《空间信息表征对语义相关判断的影响》，《心理科学》2006 年第 6 期。

王瑞明、莫雷：《知觉符号理论刍议》，《华东师范大学学报》（教育科学版）2010 年第 1 期。

王素娟、张雅明：《空间存在：虚拟环境中何以产生身临其境之感?》，《心理科学进展》2018 年第 8 期。

王彤、李林、袁祥勇、黄希庭：《自我相关未来思考：两种基本类型及其主要心理成分比较》，《心理科学》2016 年第 3 期。

王文斌、毛智慧主编《心理空间理论和概念合成理论研究》，上海外语教育出版社，2011。

王文斌：《心理空间理论和概念合成理论研究》，上海外语教育出版社，2013。

王晓磊：《论西方哲学空间概念的双重演进逻辑——从亚里士多德到海德格尔》，《北京理工大学学报》（社会科学版）2010 第 2 期。

王晓磊：《社会空间论》，中国社会科学出版社，2014。

王一峰、张丽、刘春雷、李红：《空间量化的心理表征》，《心理科学进展》2010 年第 4 期。

王寅：《体验哲学：一种新的哲学理论》，《哲学动态》2003 年第 7 期。

王明月、毕重增、狄轩康：《心理时间旅行的方向与事件情绪效价对任务自信的影响》，《心理科学》2016 年第 2 期。

王锃、鲁忠义：《道德概念的垂直空间隐喻及其对认知的影响》，《心理学报》2013 年第 5 期。

王中江：《关系空间、共生和空间解放》，《中国高校社会科学》2017 年第 2 期。

魏屹东、安晖：《意识的语境认知模型兼评巴尔斯的意识理论》，《人文杂志》2012 年第 4 期。

魏屹东等：《认知科学哲学问题研究》，科学出版社，2008。

魏屹东：《广义语境中的科学》，科学出版社，2004。

魏屹东：《科学表征：从结构解析到语境建构》，科学出版社，2018。

魏屹东：《认识的语境论形成的思想根源》，《社会科学》2010年第10期。

魏屹东、薛平：《论语言的认知语境与语境认知模型》，《哲学动态》2010年第6期。

魏屹东：《语境同一论：科学表征问题的一种解答》，《中国社会科学》2017年第6期。

文旭、匡芳涛：《语言空间系统的认知阐释》，《四川外语学院学报》2004年第3期。

吴念阳、李艳、徐凝婷：《上下意象图式向抽象概念映射的心理现实性研究》，《心理科学》2008年第3期。

吴念阳、刘慧敏、郝静、杨辰：《空间意象图式在时空隐喻理解中的作用》，《心理科学》2010年第2期。

伍晓明、江怡：《中西比较的新思路：哲学拓扑学的视野》，《哲学动态》2007年第12期。

夏瑞雪：《自我边界的结构、功能及神经基础》，科学出版社，2016。

萧俊明、贺慧玲、杜鹃主编《哲学在西方精神空间中的地位》，中国书籍出版社，2014。

谢久书、张常青、王瑞明、陆直：《知觉符号理论及其研究范式》，《心理科学进展》2011年第9期。

谢俊、路浴晓：《主观思维空间中的虚拟自我》，《鞍山师范学院学报》2008年第1期。

谢俊：《虚拟自我论》，中国社会科学出版社，2011。

徐畅：《从认知视角看皮尔士符号学理论》，《江苏外语教学研究》2003年第1期。

徐娜：《康德关于空间、时间的先验观念性证明》，《郑州航空工业管理学院学报》（社会科学版）2010年第2期。

徐献军：《具身认知论——现象学在认知科学研究范式转型中的作用》，浙江大学出版社，2009。

闫秀梅、莫雷、伍丽梅、张积家：《文本阅读中空间距离的心理表征》，《心理学报》2007年第4期。

严泽胜：《拉康与分裂的主体》，《国外文学》2002年第3期。

杨莉萍：《心理学中话语分析的立场与方法》，《心理科学进展》2007 年第 3 期。

杨霖：《清代"游草序"：地理视域与文人心理空间的再现》，《苏州大学学报》（哲学社会科学版）2018 年第 4 期。

杨庆峰：《符号空间、实体空间与现象学变更》，《哲学分析》2010 年第 3 期。

叶浩生：《关于"自我"的社会建构论学说及其启示》，《心理学探新》2002 年第 3 期。

游淙祺：《胡塞尔思想发展脉络中的心理学与现象学：从对立到调和》，《哲学分析》2019 年第 4 期。

于小晶、李建会：《探索认知的本质——评马克·罗兰兹的融合心灵说和认知的标志观》，《哲学动态》2013 年第 6 期。

于振发：《空间简史》，光明日报出版社，2012。

袁红梅：《形式规则还是心理模型——演绎推理过程中两种判断标准的比较研究》，《湖南科技大学学报》（社会科学版）2015 年第 1 期。

袁建新、成业兴：《康德第三类比的拓扑结构意义》，《科学技术与辩证法》2009 年第 3 期。

袁建新、刘大早：《提修斯之船：对物质构成的千古之谜的重新理解——从量子相关性与物质构成的拓扑结构化来看》，《科学·经济·社会》2007 年第 4 期。

袁建新、王子为、刘丹鹤：《康德图型法的拓扑结构意义》，《自然辩证法研究》2002 年第 11 期。

袁建新：《意识的神经相关性、自发性与意识空间的可拓扑结构化初探》，《科学技术与辩证法》2006 年第 2 期。

袁维新：《概念转变的心理模型建构过程与策略》，《淮阴师范学院学报》（哲学社会科学版）2010 年第 1 期。

袁维新：《认知建构论》，中国矿业大学出版社，2002。

袁雄：《认知语境的多维度诠释》，《科技信息》2009 年第 14 期。

约翰·R. 塞尔：《意向性：论心灵哲学》，刘叶涛译，上海人民出版社，2007。

詹世友：《论精神空间》，《人文杂志》2002 年第 3 期。

张宝山、刘琳:《工作自我概念的界定、测量及相关研究》,《西南大学学报》(社会科学版) 2015 年第 2 期。

张达球、王葆华:《介绍〈语言和认知空间—认知多样性探索〉》,《外语教学与研究》2004 年第 6 期。

张浩军:《回到空间本身——论海德格尔的空间观念》,《西南科技大学学报》(哲学社会科学版) 2008 年第 1 期。

张辉、杨波:《心理空间与概念整合:理论发展及其应用》,《解放军外国语学院学报》2008 年第 1 期。

张积家、刘丽红、石艳彩:《情境和任务对空间认知参考框架选择的影响》,《心理学探新》2008 年第 1 期。

张静、陈巍:《身体拥有感及其可塑性:基于内外感受研究的视角》,《心理科学进展》2020 年第 2 期。

张利增:《哲学咨询方法辩证》,《自然辩证法通讯》2016 年第 2 期。

张茗:《空间知觉:表征或生成?》,《科学技术哲学研究》2015 年第 6 期。

张雪梅、刘宇红:《"语义三角"的认知拓扑性探析》,《外语学刊》2019 年第 2 期。

张子霄、廖翌凯、江伟、程蕾、苏丹:《自传体记忆与自我概念》,《西南大学学报》(社会科学版) 2009 年第 2 期。

赵海月、赫曦滢:《列斐伏尔"空间三元辩证法"的辨识与建构》,《吉林大学社会科学学报》2012 年第 2 期。

赵洪尹:《拉康的主体三层结构理论》,《西南民族大学学报》(人文社科版) 2006 年第 2 期。

赵民涛:《物体位置与空间关系的心理表征》,《心理科学进展》2006 年第 3 期。

赵强:《城市与空间哲学:问题、理论与建构——第二届"空间理论与城市问题"全国学术研讨会综述》,《哲学动态》2011 年第 9 期。

赵秀凤:《意识流语篇中心理空间网络体系的构建——认知诗学研究视角》,《解放军外国语学院学报》2010 年第 5 期。

赵杨柯、钱秀莹:《自我中心视角转换——基于自身的心理空间转换》,《心理科学进展》2010 年第 12 期。

郑皓元、叶浩生、苏得权：《有关具身认知的三种理论模型》，《心理学探新》2017 年第 3 期。

郑希付：《心理场理论》，《湖南师范大学社会科学学报》2000 年第 1 期。

钟汉川：《胡塞尔的空间构成与先验哲学的彻底性》，《哲学研究》2017 年第 3 期。

周菲、白晓君：《国外心理边界理论研究述评》，《郑州大学学报》（哲学社会科学版）2009 年第 2 期。

周和军：《空间与权力——福柯空间观解析》，《江西社会科学》2007 年第 4 期。

朱晓军：《空间范畴的认知语义研究》，新疆大学出版社，2010。

朱滢：《陈霖的拓扑性质知觉理论》，《心理科学》2005 年第 5 期。

朱永生：《语境动态研究》，北京大学出版社，2005。

Albert N. Katz, "Psychological Studies in Metaphor Processing: Extensions to the Placement of Terms in Semantic Space," *Poetics Today* 13 (1992).

Allan Paivio, "Perceptual Comparisons Through the Mind's Eye," *Memory & Cognition* 3 (1975).

Anders Hougaard, Todd Oakley, eds., *Mental Spaces in Discourse and Interaction* (Amsterdam: John Benjamins Publishing Company, 2008).

Angelina R. Sutin, "Autobiographical Memory as a Dynamic Process: Autobiographical Memory Mediates Basic Tendencies and Characteristic Adaptations," *Journal of Research in Personality* 42 (2008).

Angelina R. Sutin, Richard W. Robins, "Continuity and Correlates of Emotions and Motives in Self-Defining Memories," *Journal of Personality* 73 (2005).

A. O. Roik, G. A. Ivanitskii, A. M. Ivanitskii, "The Human Cognitive Space: Coincidence of Models Constructed on the Basis of Analysis of Brain Rhythms and Psychometric Measurements," *Neuroscience and Behavioral Physiology* 43 (2013).

A. O. Roik, G. A. Ivanitskii, "A Neurophysiological Model of the Cognitive Space," *Neuroscience and Behavioral Physiology* 43 (2013).

A. R. Sutin, *The Phenomenology of Autobiographical Memory* (Oakland: University of California Press, 2006).

A. Ruiherford Rogers, P. Bibby, *Models in the Mind—Theory, Perspective, and Application* (London: Academic Press, 1992).

Avril Thorne, Kate C. McLean, Amy M. Lawrence, "When Remembering Is Not Enough: Reflecting on Self-Defining Memories in Late Adolescence," *Journal of Personality* 72 (2004).

Christopher Browne Garnett, *The Kantian Philosophy of Space* (New York: Morning Side Heights Columbia University Press, 1939).

Clark C. Presson, "Strategies in Spatial Reasoning," *Journal of Experimental Psychology: Learning, Memory, and Cognition* 8 (1982).

Daniel Kostic, "The Vagueness Constraint and the Quality Space for Pain," *Philosophical Psychology* 25 (2012).

Dan P. McAdams et al., "Stories of Commitment: The Psychosocial Construction of Generative Lives," *Journal of Personality and Social Psychology* 72 (1997).

Edward Slowik, "Spacetime, Ontology, and Structural Realism," *International Studies in the Philosophy of Science* 19 (2005).

E. Tory Higgins, "Self-Discrepancy: A Theory Relating Self and Affect," *Psychological Review* 94 (1987).

Fauconnier et al., *The Way We Think* (New York: Basic Books Press, 2002).

Fauconnier, *Mental Spaces: Aspects of Meaning Construction in Natural Language* (Cambridge: Cambridge University Press, 1998).

Gary Cottrell, "Using High-Dimensional Semantic Spaces Derived from Large Text Corpora," in Proceedings of the Seventeenth Annual Conference of the Cognitive Science Society (London: Psychology Press, 1995).

Gergen, *The Saturated Self: Dilemmas of Identity in Contemporary Life* (New York: Basic Books, 1991).

Giovanni Buccino, Ivan Colagè, Nicola Gobbi, Giorgio Bonaccorso, "Embodied Experience and Linguistic Meaning," *Brain and Language* 84 (2003).

Guy Dove, "Beyond Perceptual Symbols: A Call for Representational Pluralism," *Cognition* 110 (2009).

Henri Lefebvre, *The Production of Space*, trans. by Donald Nicholson-Smith (Oxford: Black-Well Ltd. , 1991).

Hsiao-Wen Liao, Susan Bluck, Gerben J. Westerhof, "Longitudinal Relations between Self-Defining Memories and Self-Esteem: Mediating Roles of Meaning-Making and Memory Function," *Imagination, Cognition and Personality* 37 (2018).

Hubert J. M. Hermans, "The Construction and Reconstruction of a Dialogical Self," *Journal of Constructivist Psychology* 16 (2003).

Hubert J. M. Hermans, "The Dialogical Self as a Society of Mind: Introduction," *Theory & Psychology* 12 (2002).

Hubert J. M. Hermans, *The Dialogical Self: One Person, Different Stories* (London: Psychology Press, 2002).

Hubert J. M. Hermans "The Dialogical Self: Toward a Theory of Personal and Cultural Positioning," *Culture & Psychology* 7 (2001).

Iliane Houle et al. , "Networks of Self-Defining Memories as a Contributing Factor to Emotional Openness," *Cognition and Emotion* 32 (2018).

I. Morrison et al. , "Vicarious Responses to Pain in Anterior Cingulate Cortex: Is Empathy a Multisensory Issue?" *Cognitive, Affective, Behavioral Neuroscience* 4 (2004).

James S. Grotstein, "Inner Space: Its Dimensions and Its Coordinates," *The International Journal of Psycho-Analysis* 59 (1978).

Janellen Huttenlocher, Clark C. Presson, "The Coding and Transformation of Spatial Information," *Cognitive Psychology* 11 (1979).

Jaynes, *The Origin of Consciousness in the Breakdown of the Bicameral Mind* (Boston: Houghton Mifflin Harcourt, 2000).

Jeffrey M. Zacks et al. , "A Parametric Study of Mental Spatial Transformations of Bodies," *Neuroimage* 16 (2002).

Jeffrey M. Zacks et al. , "Mental Spatial Transformations of Objects and Perspective," *Spatial Cognition and Computation* 2 (2000).

Jodie M. Plumert, John P. Spencer, *The Emerging Spatial Mind* (Oxford: Oxford University Press, 2007).

John R. Wilson, Andrew Rutherford, "Mental Models: Theory and Application in Human Factors," *Human Factors* 31 (1989).

Julie Demblon, Arnaud D'Argembeau, "Contribution of Past and Future Self-Defining Event Networks to Personal Identity," *Memory* 25 (2017).

Julie Leibrich, "Making Space: Spirituality and Mental Health," *Mental Health, Religion & Culture* 5 (2002).

Kate C. McLean, Avril Thorne, "Late Adolescents' Self-Defining Memories about Relationships," *Developmental Psychology* 39 (2003).

Katrina Hinkley, Susan M. Andersen, "The Working Self-Concept in Transference: Significant-Other Activation and Self Change," *Journal of Personality and Social Psychology* 71 (1996).

Kevin Lund, Curt Burgess, "Producing High-Dimensional Semantic Spaces from Lexical Co-Occurrence," *Behavior Research Methods, Instruments, & Computers* 28 (1996).

Kirill Maslov, Nikita Kharlamov, "Cutting Space—Cutting Body: The Nature of the Grotesque in Umwelt," *Integrative Psychological and Behavioral Science* 45 (2011).

K. Nartova-Bochaver, "The Concept 'Psychological Space of the Personality' and Its Heuristic Potential," *Journal of Russian & East European Psychology* 44 (2006).

Kylie Sutherland, Richard A. Bryant, "Self-Defining Memories in Post-Traumatic Stress Disorder," *British Journal of Clinical Psychology* 44 (2005).

Lakoff, M. Turner, *More than Cool Reason: A Field Guide to Poetic Metaphor* (Chicago: University of Chicago Press, 1989).

Lawrence M. Parsons, "Imagined Spatial Transformations of One's Hands and Feet," *Cognitive Psychology* 19 (1987).

Lawrence W. Barsalou, "Perceptual Symbol Systems," *Behavioral and Brain Sciences* 22 (1999).

Lawrence W. Barsalou, "The Content and Organization of Autobiographical Memories," in U. Neisser, E. Winograd, eds., *Remembering Reconsidered: Ecological and Traditional Approaches to the Study of Memory* (Cambridge: Cambridge University Press, 1988).

Lera Boroditsky, "Metaphoric Structuring: Understanding Time Through Spatial Metaphors," *Cognition* 75 (2000).

Lera Boroditsky, Orly Fuhrman, Kelly McCormick, "Do English and Mandarin Speakers Think about Time Differently?" *Cognition* 118 (2011).

Lewin, *Principles of Topological Psychology* (New York: McGraw-Hill Press, 1936).

Limor Goldner, Miri Scharf, "Individuals' Self-Defining Memories as Reflecting Their Strength and Weaknesses," *Journal of Psychologists and Counsellors in Schools* 27 (2017).

Lin Chen, "The Topological Approach to Perceptual Organization," *Visual Cognition* 12 (2005).

Lin Chen, "Topological Structure in Visual Perception," *Science* 218 (1982).

Logie, R. H, *Visual-Spatial Working Memory* (Mahwah: Lawrence Erlbaum Associates Ltd., 1995).

Lorna Goddard, Hollie O' Dowda, and Linda Pring, "Knowing Me, Knowing You: Self Defining Memories in Adolescents with and without an Autism Spectrum Disorder," *Research in Autism Spectrum Disorders* 37 (2017).

L. Talmy, *Toward a Cognitive Semantics* (Cambridge: MIT Press, 2000).

Lucy G. Sullivan, "Myth, Metaphor and Hypothesis: How Anthropomorphism Defeats Science," *Royal Society* 349 (1995).

Madeleine Keehner et al., "Modulation of Neural Activity by Angle of Rotation during Imagined Spatial Transformations," *Neuroimage* 33 (2006).

M. Akhundov, *Conceptions of Space and Time* (Mass: The MIT Press, 1986).

Marc Ouellet et al, "Thinking about the Future Moves Attention to the Right," *Journal of Experimental Psychology: Human Perception and Performance* 36 (2010).

Maria-Paola Paladino et al, "Synchronous Multisensory Stimulation Blurs Self-Other Boundaries," *Psychological Science* 21 (2010).

Martin A. Conway, Christopher W. Pleydell-Pearce, "The Construction of Autobiographical Memories in the Self-Memory System," *Psychological Review* 107 (2000).

Martin A. Conway, Jefferson A. Singer, Angela Tagini, "The Self and Autobiographical Memory: Correspondence and Coherence," *Social Cognition* 22 (2004).

Martin A. Conway, "Memory and the Self," *Journal of Memory and Language* 53 (2005).

Matthew D. Lieberman, "Social Cognitive Neuroscience: A Review of Core Processes," *Annual Review of Psychology* 58 (2007).

Michel-Ange Amorim, Brice Isableu, Mohamed Jarraya, "Embodied Spatial Transformations: 'Body Analogy' for the Mental Rotation of Objects," *Journal of Experimental Psychology: General* 135 (2006).

Mix Kellys et al. , *The Spatial Foundations of Cognition and Language: Thinking Through Space* (Oxford: Oxford University Press, 2010).

M. Rowlands, *The New Science of the Mind: From Extended Mind to Embodied Phenomenology* (Cambridge: MIT Press, 2010).

Norbert Wiley, *The Semiotic Self* (Chicago: University of Chicago Press, 1994).

Olaf Blanke, "Brain Correlates of the Embodied Self: Neurology and Cognitive Neuroscience," *Annals of General Psychiatry* 7 (2008).

Olaf Hauk, Ingrid Johnsrude, Friedemann Pulvermüller, "Somatotopic Representation of Action Words in Human Motor and Premotor Cortex," *Neuron* 41 (2004).

Pavel S. Blagov, Jefferson A. Singer, "Four Dimensions of Self-Defining Memories (Specificity, Meaning, Content, and Affect) and Their Relationships to Self-Restraint, Distress, and Repressive Defensiveness," *Journal of Personality* 72 (2004).

Peter T. F. Raggatt, "Forms of Positioning in the Dialogical Self: A System of

Classification and the Strange Case of Dame Edna Everage," *Theory & Psychology* 17 (2007).

Peter T. F. Raggatt, "Mapping the Dialogical Self: Towards a Rationale and Method of Assessment," *European Journal of Personality* 14 (2000).

Peter T. F. Raggatt, "Positioning in the Dialogical Self: Recent Advances in Theory Construction," in H. J. M. Hermans, T. Gieser, eds. , *Handbook of Dialogical Self Theory* (Cambridge: Cambridge University Press, 2012).

Peter T. F. Raggatt, "The Dialogical Self and Thirdness: A Semiotic Approach to Positioning Using Dialogical Triads," *Theory & Psychology* 20 (2010).

Peter T. F. Raggatt, "The Dialogical Self as a Time-Space Matrix: Personal Chronotopes and Ambiguous Signifiers," *New Ideas in Psychology* 32 (2014).

Peter T. F. Raggatt, "The Landscape of Narrative and the Dialogical Self: Exploring Identity with the Personality Web Protocol," *Narrative Inquiry* 12 (2002).

Philip N. Johnson-Laird, "Mental Models in Cognitive Science," *Cognitive Science* 4 (1980).

Radwanska-Williams Joanna, Masako K. Hiraga, "Pragmatics and Poetics: Cognitive Metaphor and the Structure of the Poetic Text," *Journal of Pragmatics* 24 (1995).

R. G. Lord, D. J. Brown, *Leadership Processes and Follower Self-Identity* (London: Psychology Press, 2003).

Robert A. Stanfield, Rolf A. Zwaan, "The Effect of Implied Orientation Derived from Verbal Context on Picture Recognition," *Psychological Science* 12 (2001).

Roger N. Shepard, Jacqueline Metzler, "Mental Rotation of Three-Dimensional Objects," *Science* 171 (1971).

Rolf A. Zwaan, Richard H. Yaxley, "Hemispheric Differences in Semantic-Relatedness Judgments," *Cognition* 87 (2003).

Stephane Raffard et al. , "Exploring Self-Defining Memories in Schizophrenia," *Memory* 17 (2009).

Stephen N. Haynes, Daniel Blaine, Kim Meyer, "Dynamical Models for Psychological Assessment: Phase Space Functions," *Psychological Assessment* 7 (1995).

Svend Brinkmann, "Mental Life in the Space of Reasons," *Journal for the Theory of Social Behaviour* 36 (2006).

T. H. Ogden, "The Analytic Third: Working with Intersubjective Clinical Facts," *The International Journal of Psychoanalysis* 75 (1994).

Tine Holm et al. , "A Decline in Self-Defining Memories Following a Diagnosis of Schizophrenia," *Comprehensive psychiatry* 76 (2017).

Walter Kintsch, "The Role of Knowledge in Discourse Comprehension: A Construction-Integration Model," *Psychological Review* 95 (1988).

Wendy-Jo Wood, Michael Conway, "Subjective Impact, Meaning Making, and Current and Recalled Emotions for Self-Defining Memories," *Journal of Personality* 74 (2006).

Willis F. Overton, "The Arrow of Time and the Cycle of Time: Concepts of Change, Cognition, and Embodiment," *Psychological Inquiry* 5 (1994).

W. J. Wood, The Role of Emotion in the Functions of Autobiographical Memory (Ph. D. diss. , Concordia University, 2005).

W. R. Bion, "On Hallucination," *International Journal of Psycho-Analysis* 38 (1958).

Yan Zhuo et al. , "Contributions of the Visual Ventral Pathway to Long-Range Apparent Motion," *Science* 299 (2003).

图书在版编目（CIP）数据

心理空间的认知哲学研究 / 张绣蕊著. -- 北京：
社会科学文献出版社，2024.5
（认知哲学文库）
ISBN 978-7-5228-3481-8

Ⅰ.①心… Ⅱ.①张… Ⅲ.①认知科学-科学哲学-
研究 Ⅳ.①B842.1②N02

中国国家版本馆 CIP 数据核字（2024）第 073422 号

认知哲学文库
心理空间的认知哲学研究

著　　者／张绣蕊

出 版 人／冀祥德
责任编辑／周　琼
文稿编辑／尚莉丽
责任印制／王京美

出　　版／社会科学文献出版社·马克思主义分社（010）59367126
　　　　　地址：北京市北三环中路甲 29 号院华龙大厦　邮编：100029
　　　　　网址：www.ssap.com.cn
发　　行／社会科学文献出版社（010）59367028
印　　装／三河市东方印刷有限公司

规　　格／开本：787mm×1092mm　1/16
　　　　　印张：11.25　字数：177 千字
版　　次／2024 年 5 月第 1 版　2024 年 5 月第 1 次印刷
书　　号／ISBN 978-7-5228-3481-8
定　　价／79.00 元

读者服务电话：4008918866